农业定量遥感理论与方法

杜会石　著

国家自然科学基金面上项目（41871022）
国家重点研发计划项目（2018YFD0300200）　资助

科 学 出 版 社

北　京

内 容 简 介

本书系统地介绍了农业定量遥感电磁物理基础、农学基础及农业定量遥感方法，深入探讨了作物种植类型与面积遥感监测、病虫害遥感监测、长势遥感监测、品质遥感监测、产量遥感估算等问题；并从方法论角度系统介绍了农田生态环境参数遥感反演方法，以及遥感反演地面验证数据获取方法；最后，以 ERDAS 软件为例，系统演示了数据预处理、图像增强、图像分类等操作过程。

本书可供地理、农业、遥感和生态环境等领域的科研人员及高等院校师生参考使用。

图书在版编目 (CIP) 数据

农业定量遥感理论与方法 / 杜会石著. —北京：科学出版社，2022.3
ISBN 978-7-03-068199-7

Ⅰ. ①农…　Ⅱ. ①杜…　Ⅲ. ①遥感技术-应用-农业　Ⅳ. ①S127

中国版本图书馆 CIP 数据核字（2021）第 039027 号

责任编辑：孟莹莹　狄源硕 / 责任校对：任苗苗
责任印制：吴兆东 / 封面设计：无极书装

科学出版社 出版
北京东黄城根北街 16 号
邮政编码：100717
http://www.sciencep.com

北京中科印刷有限公司 印刷
科学出版社发行　各地新华书店经销
*

2022 年 3 月第 一 版　开本：720×1000　1/16
2022 年 3 月第一次印刷　印张：10 1/2　插页：2
字数：212 000

定价：**99.00 元**
（如有印装质量问题，我社负责调换）

前　言

　　农业定量遥感是农业遥感的理论基础。过去由于数据和技术的限制，农业遥感的定量化程度不高，限制了遥感技术在农业科研与生产上发挥更大的作用。近年来，由于传感器技术不断提升，越来越多高质量的遥感数据获取成为可能，如高光谱遥感数据、多角度遥感数据、微波遥感数据、热红外遥感数据、激光雷达遥感数据、无人机遥感数据等，同时定量遥感理论也不断进步，遥感反演模型精度不断提高，遥感获取参数种类也不断增加。物联网、互联网+、大数据、人工智能与数据同化技术的发展，也为农业定量遥感技术发展提供了新的生长点。

　　我国是世界第一大粮食生产与消费国，确保粮食安全和农民增收始终是国民经济发展中的头等大事。然而，当前粮食生产中技术集成度不够、应用到位率不高、综合效应评价不科学、技术模式进一步优化依据不充分等问题依然较为突出。在农情监测与农业精准管理方面还主要依靠局部样点调查，存在信息量不足、农情监测滞后、缺乏时空信息等问题。而使用定量遥感技术，既可表征作物的宏观特征，又能反映微观差异，还可客观、快速、经济地获取农业相关信息，指导生产活动。因此，本书将遥感定量光谱分析方法与作物生理生态原理相结合，利用遥感数据的多时空间分辨率特性，主要介绍作物面积精确识别，对作物生育期的长势进行监测，并对作物产量进行估算。

　　本书是作者近年来从事农业定量遥感研究的部分总结，属于农业遥感研究。全书共9章：第1章介绍农业定量遥感基础，包括农业定量遥感电磁物理基础、农学基础及农业定量遥感方法；第 2 章介绍作物种植类型与面积遥感监测，包括作物种植类型、种植面积遥感提取原理与方法；第 3 章介绍作物病虫害遥感监测，包括作物病虫害遥感监测机理与遥感监测数据分析方法；第 4 章介绍作物长势遥感监测，包括作物长势遥感监测原理与方法及遥感监测模型；第 5 章介绍作物品质遥感监测，包括作物品质的形成及其影响因素、作物品质评价指标及作物品质遥感监测实践；第 6 章介绍作物产量遥感估算，包括农业遥感估产原理与遥感估产建模方法；第 7 章介绍农田生态环境参数遥感反演方法，包括农田土壤水分遥感反演、地表温度遥感反演、植被净初级生产力遥感反演、植被覆盖度遥感反演、地表比辐射率遥感反演；第8章介绍遥感反演地面验证数据获取方法，包括地物光谱测量、土壤含水量测量、地表温度测量、太阳辐射测量、叶面积指数测量、地表生物量测量、叶绿素含量测量、光合作用测量及无人机航拍数据获取；第 9 章介绍基于 ERDAS 的遥感影像处理，包括数据预处理、图像增强和图像分类。

　　感谢我的研究生宋春威、巴之丹、鲁唯一在野外定位实验和数据处理中的帮助，感谢曲玮和王诗惠同学对书稿文字编排整理及插图制作给予的帮助。

　　由于作者水平有限，书中不足之处在所难免，敬请读者批评指正。

作　者

2021 年 10 月

目　　录

彩图

第 1 章　农业定量遥感基础

遥感技术作为获取地球表面时空多变要素信息的先进方法，是地球系统科学研究的重要组成部分。近年来，遥感技术在基础理论、方法及应用等方面逐步成熟，已进入定量阶段。

1.1　农业定量遥感电磁物理基础

物质在电磁波作用下，会在某些特定波段形成反映物质成分和结构信息的光谱吸收与反射特征，物质的这种对不同波段光谱的响应特性通常被称为光谱特征（王纪华等，2008），光谱特征是用遥感方法探测各种物质性质和形状的重要依据。

1.1.1　植被遥感基本原理

遥感是利用传感器主动或被动地接收地面目标物反射的电磁波，通过电磁波传递的信息来识别目标，从而达到探测目标物的目的（梅安新等，2001）。地物对电磁光谱的反射能力用地物反射率 ρ 表示，地面物体的反射能量 P_λ 占入射能量 P_0 的百分比称为地物反射率，即

$$\rho = \frac{P_\lambda}{P_0} \times 100\% \qquad (1\text{-}1)$$

式中，$0 < \rho \leqslant 1$。地物反射率的大小与入射电磁波的波长、地物表面颜色和粗糙度、地物本身的性质、入射角都有关系。

遥感图像是地物反射特性在图像上的反映，地物的反射光谱是地物固有的反射特性，根据地物的反射光谱特征，可以有效地识别区分各种不同的地物（彭望璟等，2002）。地物反射光谱曲线图是表达地物反射光谱特征的统计图，它不仅能够反映地物反射率随波长的变化规律，而且能较为直观地反映出某一特定波长不同地物反射率差异，通常用二维几何空间内的曲线表示，横坐标表示波长，纵坐标表示地物反射率，可以做出地物反射光谱曲线（梅安新等，2001）。

植物是环境的重要组成因子，也是反映区域生态环境的重要标志之一，同时也是土壤、水文等要素的解译标志（林文鹏等，2010）。植物解译的目的是在遥感

影像上有效地确定其分布、类型、长势等信息，以及对生物量做出估算。植物的光谱特征可使其在遥感影像上有效地与其他地物相区别。同时，不同的植物各有其自身的光谱特征，从而成为区分植被类型、长势及估算生物量的依据（董高等，2015）。

健康植物的光谱曲线有明显的特点：在可见光的 0.55μm 附近有一个地物反射率为 10%～20%的小反射峰；在 0.45μm 和 0.65μm 附近有两个明显的吸收谷；在 0.7～0.8μm 有一个陡坡，地物反射率急剧增高；在近红外波段 0.8～1.3μm 形成一个地物反射率高达 40%或更大的反射峰；而在 1.45μm、1.95μm 和 2.6～2.7μm 处有三个吸收谷（王纪华等，2008）。

影响植物光谱的因素有植物本身的结构特征，也有外界的影响，但外界的影响总是通过植物本身生长发育特点在有机体的结构特征中反映出来。从植物的典型光谱曲线来看，控制植物反射率的主要因素有植物叶子的颜色、组织构造和含水量（王纪华等，2008）。首先是叶子的颜色，植物叶子中含有多种色素，如叶青素、叶红素、叶黄素、叶绿素等，在可见光范围内，其反射峰值落在相应的波长范围内。其次是叶子的组织构造，绿色植物的叶子是由上表皮、叶绿素颗粒组成的栅栏组织和多孔薄壁细胞组织（海绵组织）构成。叶绿素对紫外线和紫色光的吸收率极高，对蓝色光和红色光也强烈吸收，以进行光合作用（梅安新等，2001），对绿色光则部分吸收，部分反射，所以叶子呈绿色，并在 0.55μm 附近形成一个小反射峰值，而在 0.45μm 及 0.65μm 附近有两个吸收谷；叶子的多孔薄壁细胞组织对 0.8～1.3μm 的近红外光强烈地反射，形成光谱曲线上的最高峰区，其反射率可达 40%～60%，而吸收率却不到 15%。最后是叶子的含水量，叶子在 1.45μm、1.95μm、2.6～2.7μm 处各有一个吸收谷，这主要由叶子的细胞液、细胞膜及吸收水分形成。植物叶子含水量的增加，将使整个光谱反射率降低，反射光谱曲线的波状形态变得更为明显，特别是在近红外波段，几个吸收谷更为突出。

此外，植物覆盖程度也对植物的光谱曲线产生影响。当植物叶子的密度较低，不能对地面全覆盖时，传感器接收的反射光不仅是植物本身的光谱信息，而且还包含部分下垫面的反射光，是两者的叠加（梅安新等，2001）。植被叶子的层次愈多，即叶面积指数（植物所有叶子的累加面积总和与覆盖地面面积之比）愈大，光谱曲线特征形态受背景下垫面的影响则愈小。

1.1.2　植物反射光谱特征

植物叶片光谱特征的形成是植物叶片中化学组分分子结构中的化学键在一定辐射水平的照射下，吸收特定波长的辐射能，产生了不同光谱反射率的结果（Persello et al.，2019；王纪华等，2008）。因此，特征波长处光谱反射率的变化对叶片化学组分的多少非常敏感，故称敏感光谱。植物的反射光谱，随着叶片中叶肉细胞、叶绿素、水分含量、氮素含量及其他生物化学成分的不同，在不同波段会呈现出不同的形态和特征的反射光谱曲线。绿色植物的反射光谱曲线明显不同于其他非绿色物体的这一特征，也用来作为区分绿色植物与土壤、水体等的客观依据（王纪华等，2008）。

400～700nm 波段，是植物叶片的强吸收波段，反射率和透射率都很低。由于植物色素吸收，特别是叶绿素 a、b 的强吸收，在可见光波段形成两个吸收谷（450nm 蓝光和 660nm 红光附近）和一个反射峰（550nm 的绿光处），呈现出区别于土壤、水体的独特光谱特征，即"蓝边""绿峰""黄边""红谷"等。

700～780nm 波段，是叶绿素在红波段强吸收到近红外波段多次散射形成的高反射平台的过渡波段，又被称为植被反射率"红边"。红边是植被营养、长势、水分、叶面积等的指示性特征，并得到了广泛应用（王纪华等，2008）。当植被生物量大、色素含量高、生长旺盛时，红边会向长波方向移动，称为红移；而当病虫害、污染、叶片老化等情况发生时，红边则会向短波方向移动，称为蓝移。

780～1350nm 波段，是与叶片内部结构有关的波段，该波段能解释叶片结构光谱反射率特性。由于色素和纤维素在该波段的吸收小于 10%，且叶片含水量也只是在 970nm、1200nm 附近有两个微弱的吸收特征，所以光线在叶片内部多次散射的结果便是近 50%被反射，近 50%被透射（王纪华等，2008）。该波段反射率平台（又称为反射率红肩）的光谱反射率强度取决于叶片内部结构，特别是叶肉与细胞间空隙的相对厚度。但叶片内部结构影响叶片光谱反射率的机理比较复杂，已有研究表明：当细胞层越多，光谱反射率越高；细胞形状、成分的各向异性及差异越明显，光谱反射率也越高。

1350～2500nm 波段，是叶片水分吸收主导的波段。由于水分在 1450nm 及 1940nm 的强吸收特征，在这个波段形成两个主要反射峰，位于 1650nm 和 2200nm 附近。部分学者（王纪华等，2001）在室内条件下利用该波段的吸收特征反演了叶片含水量，由于叶片水分的吸收波段受到大气中水汽的强烈干扰，将大气水汽和植被水分对光谱反射率的贡献相分离的难度很大，故目前虽取得了部分进展，但仍满足不了田间条件下植被含水量的定量遥感需求（王纪华等，2008）。

植被的光谱特性由其组织结构、生物化学成分和形态学特征决定，不同作物类型、植株营养状态虽具有相似的光谱变化趋势，但是其光谱反射率大小是有差异的。植物叶片及冠层的形状、大小及群体结构（涉及多次散射、间隙率和阴影等）都会对冠层光谱反射率产生很大影响，并随着作物的种类、生长阶段等的变化而改变（王纪华等，2008）。因此，研究作物的冠层光谱特性受冠层结构、生长状况、土壤背景及天气状况等因素影响的程度及其机理，是实现作物长势等指标定量遥感监测的基础。

1.1.3　土壤反射光谱特征

土壤的机械组成、有机质含量、土壤孔隙度和黏土矿物类型等理化特性的多样性，使各类土壤均具有其独特的光谱特性（Kart et al.，2017）。土壤光谱曲线总体变化较平缓，且多数土壤光谱反射率在可见光部分较低，光谱曲线在形态上很相似，基本平行（王纪华等，2008）。许多波段间具有良好的正相关性，一般在较短的波段反射率高时，较长的波段也具有高反射率。不同土壤的光谱反射曲线也存在差别：一是不同土壤具有不同的光谱反射率强度；二是对于不同的土壤类型，一些特征吸收带出现的位置和表现的相对强度不同（刘伟东，2002）。

以 1400nm 波段附近水吸收带为界，在 350～1400nm 波段的土壤反射光谱曲线随波长的增加具有单调上升的趋势，而在 1400～1900nm 波段，土壤反射光谱曲线变化平缓，在 1900～2100nm 波段，土壤反射光谱曲线随波长增加单调上升，而在 2100～2500nm 波段，土壤反射光谱曲线随波长增加呈单调递减趋势（王纪华等，2008）。

在 350～1400nm 波段，土壤光谱反射率大多能由四个折线段和一些特性吸收带来表示。具体特征是：350～600nm 波段，斜率较大，且在 560nm 波段附近出现强弱各异的吸收；600～800nm 波段，曲线趋缓，几乎呈直线，且无明显吸收；800～1000nm 波段，基本水平，似"台阶"状；1000～1350nm 波段，曲线趋缓，总体趋势是直线上升；在 900nm 和 1400nm 波段附近具有不同程度的水分特征吸收带（王纪华等，2008）。因此，该范围内光谱的形状特征可由 400nm、600nm、800nm、1000nm 和 1350nm 波段五点构成的折线及 560nm、900nm 和 1400nm 波段三点确定的特征吸收来控制。

在 1400～1900nm 水汽吸收带，土壤反射光谱曲线变化平缓，基本上为一条水平曲线，可用 1650mm 波段来控制（王纪华等，2008）。

在 1900～2100nm 波段，土壤反射光谱曲线变化平缓，为单调递增。在 2100～2500nm 波段，土壤反射光谱曲线总体呈递减趋势，在 2200nm 和 2300nm 附近有较弱的水分吸收谷，光谱的总体趋势可以由 2150nm 和 2500nm 处的连线段来表示，大多数土壤的光谱反射曲线随波长的增加而递减（王纪华等，2008）。

在可见光-短波红外波段土壤反射光谱曲线的形状大致可由五个折线波段

（350～600nm、600～800nm、800～1000nm、1000～1350nm、1350～1900nm）和六个吸收谷（560nm、900nm、1420nm、1950nm、2200nm 和 2340nm）来控制。

1.2 农业定量遥感农学基础

不同作物或同一作物在不同环境条件、不同生产管理措施、不同生育期，以及作物营养状况不同和长势不同时都会表现出不同的光谱反射特征。作物光谱特征分析在作物识别、作物估产、作物长势监测、作物营养诊断及作物生产管理等方面都有重要作用（姚云军等，2008）。

1.2.1 不同植被类型的区分

不同植被类型，由于其叶子组织结构和所含色素不同、植物物候期不同、生态条件不同而具有不同的光谱特征、形态特征和环境特征，并在遥感影像中表现出来（Minet et al.，2017；彭望琭等，2002）。

首先，不同植物由于叶子的组织结构和所含色素不同，具有不同的光谱特征。如禾本科草本植物的叶片组织比较均一，没有栅状组织和海绵组织，细胞壁多角质化并含有硅质，透光性较阔叶树差。茂密的草本植物的海绵组织在可见光区低于阔叶树，而在近红外光区高于阔叶树。阔叶树叶片中的海绵组织使得它在近红外光区的反射明显高于没有海绵组织的针叶树，在 0.8～1.1μm 的近红外光谱区间，可以有效地区分出针叶树、阔叶树和草本植物（彭望琭等，2002）。

其次，利用植物的物候期差异来区分植物，也是植被遥感重要方法之一。最明显的是冬季时，落叶树的叶子已经凋谢，叶子的色素组织都发生变化，在遥感影像上显示不出植物的影像特征，无论是可见光区还是近红外光区，总体的反射率都下降，蓝光吸收谷和红光吸收谷都不明显。而常绿的树木仍然保持植物反射光谱曲线特征，两者很容易辨别。同一种植物在不同季节的光谱特征有明显的变化；不同的植物生长期不同，光谱特征的变化也是不一样的（彭望琭等，2002）。因此，通过各种植物的物候特征、生长发育的季节变化，可以利用有利时机来识别植物的种类。

再次，根据植物生态条件区别植被类型。不同种类的植物有不同的适宜生态条件，如温度、水分、土壤、地貌等。如在我国北方，那些要求温度变幅较小、湿度较大的林木多生长在山地的阴坡，而对温度和湿度要求较低的草地多分布在山地的阳坡。受温度的限制，不同地理地带生长着不同的植物，在同地理地带受海拔高度的影响，形成不同的温湿度组合和植被类型（彭望琭等，2002）。

此外，在高分辨率遥感影像上，不仅可以利用植物的光谱来区分植被类型，而且可以直接看到植物顶部和部分侧面的形状、阴影、群落结构等，可比较直接地确定植被类型，还可以分出次级的类型。

1.2.2　植物生长状况监测

健康的绿色植物具有典型的光谱特征，而当植物生长状况发生变化时，其反射光谱曲线的形态也会随之改变（Huang et al.，2015）。如植物因受到病虫害，农作物因缺乏营养和水分而生长不良时，海绵组织受到破坏，叶子的色素比例也发生变化，使得可见光区的两个吸收谷不明显，而 0.55μm 处的反射峰因植物叶子受损而变低、变平（Meng et al.，2016）。近红外光区的变化则更为明显，峰值被削低，甚至消失，整个反射光谱曲线的波状特征被拉平（李伯祥等，2020；彭望琭等，2002）。因此，根据受损植物与健康植物反射光谱曲线的对比分析，可以确定植物受伤害的程度。监测作物长势水平的有效方法是利用卫星多光谱通道影像的反射值得到植被指数（vegetation index, VI）。常用的植被指数有比值植被指数（ratio vegetation index, RVI）、归一化植被指数（normalized differential vegetation index, NDVI）、差值植被指数（difference vegetation index, DVI）和正交植被指数（perpendicular vegetation index, PVI）等（滕安国等，2009；彭望琭等，2002）。

1.2.3　农作物遥感估产

大面积农作物的遥感估产主要包括农作物的识别与种植面积估算、长势监测、估产模式的建立三部分。可以根据作物的色调、图形结构等差异最大的物候期（时相）的遥感影像和特定的地理位置等特征，将其与其他植被区分开来（Zhong et al.，2014；Yang et al.，2010）。大面积的农作物种植区大都分布在较为平坦的平原、盆地、河谷内，少量分布在山坡、丘陵的顶部（彭望琭等，2002）。由于耕作的需要，田块通常具有规则的几何形状（山区零星小块耕地除外）。在大尺度农作物估产时除了使用中、低分辨率卫星遥感影像外，还需结合高分辨率影像或低空无人机影像对农作物分布图进行抽样检验，修正农作物分布图。利用高时相分辨率卫星影像对作物生长的全过程进行动态观测，对作物的播种、返青、拔节、封行、抽穗、灌浆等不同阶段的苗情、长势制出分片分级图，并与往年同样苗情的产量进行比较、拟合，并对可能的单产做出预估。在这些阶段中，如发生病虫害或其他灾害，使作物受到损伤，也能及时地从卫星影像上发现，及时地对预估的产量做出修正（彭望琭等，2002）。一般用选定植物灌浆期植被指数与某一作物的单产进行回归分析，得到回归方程，构建农作物快速估产模型。

1.3 农业定量遥感方法

1.3.1 农业定量遥感的数据源

随着信息技术与传感器技术的飞速发展，全球对地观测网络不断完善，多时相、多分辨率、全天时、全天候的立体对地观测体系正在形成（Dong et al., 2016；国家自然科学基金委员会，2011）。各种高、中、低轨道相结合，大、中、小卫星相互协同，高、中、低空间分辨率互补的全球对地观测系统，能快速、及时获取多空间分辨率、时间分辨率和光谱分辨率的海量数据（表 1-1），为遥感技术在农业领域的产业化应用奠定了坚实基础。

表 1-1 农业定量遥感数据源及遥感需求（王纪华等，2008）

农业遥感反演指标		光谱要求	卫星数据源
营养组分信息	水分	多光谱，包括近红外、短波红外、雷达	1[*] Landsat TM/OLI、SPOT 2/4/5、ALOS、AVNIR-2、QuickBird、IKONOS、IRC-1C/1D、ASTER、CBERS、北京一号、GF-3/4 等
	叶绿素	多光谱，可见～近红外	
	生物量	多光谱，可见～近红外	
	氮素	多/高光谱，可见～短波红外	
	碳氮比	高光谱，可见～短波红外	2[*] Hyperion
	木质素	高光谱，可见～短波红外	CHRIS
	糖分	高光谱，可见～短波红外	PRISM
结构分类信息	株高	多极化/多角度雷达	3[*] ASAR、RADARSAT、ALOS PALSAR 等
	相对密度	多极化雷达	
	叶面积	多光谱，可见～近红外	同 1[*]
	覆盖度	多光谱，可见～近红外	
	株形	多光谱、多角度，可见～近红外	多时相数据同 1[*]、多角度、ASTER、SPOT、ALOS 等
	品种	多光谱、多角度，可见～近红外	
成熟收获信息	适收期	多光谱，可见～近红外	同 1[*]
	产量	多光谱，可见～近红外	
	品质	多光谱，光学、热红外	
生理信息	光合作用	多光谱，可见～近红外	同 2[*]
	蒸腾	多光谱，光学、热红外	Landsat TM、ASTER 等

续表

农业遥感反演指标		光谱要求	卫星数据源
灾害胁迫信息	干旱	多光谱，光学、热红外	Landsat TM、ASTER 等
	涝害	多光谱，光学、热红外	同 1*
	病害	多光谱，光学、热红外	同 1*
	倒伏	多光谱，可见～近红外	QuickBird、IKONOS、SPOT 5、ALOS PRISM
	虫害	多光谱，可见～近红外	同 1*
	缺素	多光谱，可见～近红外	
	杂草	多光谱，可见～近红外	QuickBird、IKONOS
土壤信息	养分	多/高光谱，可见～短波红外	同 1*+2*
	粗糙度	雷达、多角度	同 1*
	土壤水	雷达，多/高光谱，可见～近红外	同 3*+2*+1*
	压实	雷达	同 3*
	有机质	多光谱，可见～近红外	同 1*
	质地	多光谱，可见～近红外	

1.3.2　农业定量遥感数据处理

遥感数据的处理是农业遥感应用的基础，在遥感成像时，由于各种因素的影响，遥感图像存在一定辐射量失真和几何畸变，这些失真与畸变影响了图像的质量（Song et al.，2017；王纪华等，2008）。因此，在定量遥感研究中，需要对数据进行预处理。

1. 遥感器定标

对遥感器进行定标就是标定其接收到的电磁波信号与其量化的数字信号之间的数量关系，遥感器定标过程是建立传感器每个探测单元的输出信号与该单元对应的实际地物辐射值之间定量关系的过程，是遥感信息定量化的关键所在（刘建贵，1999）。

1）实验室定标

实验室定标是仪器运行前所接受的对波长位置、辐射精度、空间定位等的定标（王纪华等，2008）。在仪器投入运行以后，还需要定期定标，根据监测仪性能的变化，相应调整定标参数。实验室定标内容包括：①波长定标，对反射光谱范围的成像光谱仪，一般以低压汞灯及氪灯的发射谱线为标准，首先对单色仪进行全范围定标，然后使单色仪以一定的步长扫描输出单色光，由遥感器同时检测记录信号。再通过比较分析单色仪的输出信号与遥感器每个通道的波长位置、光谱响应函数等，进而确定仪器敏感响应波长。②辐射定标，按照不同的使用要求或应用目的，可分为绝对定标和相对定标。绝对定标是通过各种标准辐射源，在不同光谱波段建立成像光谱仪入瞳处的光谱辐照度值与成像光谱仪输出的数字量化值之间定量关系（Dinguirard et al.，1999；顾名灄，1998）；而相对定标是确定场景中各像元之间、各探测器之间、各波段之间及不同时间测得辐射量的相对值。③空间定标，确定仪器在横向和纵向两个方向上的光谱空间响应函数（王纪华等，2008）。

2）星上定标

星上定标又被称为在轨定标或飞行定标。卫星在发射升空以后，探测器元件老化或者工作温度的变化都会影响到遥感器的响应，因此，需要进行遥感器的星上定标（王纪华等，2008）。目前星上定标主要是实现绝对辐射定标，在可见光和反射红外区采用电光源（灯定标）和太阳光（太阳定标）作为高温的标准辐射源，在热红外区采用卫星的标准黑体（黑体定标）作为高温的标准辐射源，以宇宙空间作为低温标准辐射源（王纪华等，2008）。星上定标系统的光源，一般是一个由硅探测器反馈电路控制稳定的石英卤灯，光线经过中心波长 543.5nm 的窄带滤波器传向传感器后被测量。测量的定标数据包括一个亮信号、一个暗信号和两个光谱信号，这些信号用来监测仪器辐射性能，同时用来对数据进行反射率定标。

3）场地定标

场地定标是指遥感器处于正常运行条件下，选择辐射定标场地，通过地面同步测量对遥感器定标。在遥感器飞越辐射定标场地上空时，在定标场地选择若干像元区，测量传感器对应的地物各波段光谱反射率和大气光谱等参量，并利用大气辐射传输模型等手段给出成像光谱仪入瞳处各光谱带的辐照度，最后确定它与遥感器对应输出的数字量化值的数量关系，求解定标系数，并估算定标不确定性（田庆久，1999）。场地定标可以实现对遥感器运行状态下与获取地面图像完全相同条件的绝对校正，可以提供遥感器整个工作寿命期间的定标，对遥感器进行真实性检验和对这些模型进行正确性检验（王纪华等，2008）。

场地定标的基本技术流程一般是：①获取空中、地面及大气环境数据；②计算大气气溶胶光学厚度；③计算大气中水和臭氧含量；④分析和处理定标场地及训练区地物光谱等数据；⑤记录遥感器在获取定标场地及训练区目标数据时的几何参量及时间；⑥将测量及计算的各种参数代入大气辐射传输模型，求解遥感器入瞳处辐照度值；⑦计算定标系数；⑧进行误差分析，讨论误差成因（王纪华等，2008）。

2. 大气校正

遥感器获取图像过程中电磁波信号要通过大气层，而大气对地物的反射和发射信号具有较强的吸收作用（王纪华等，2008）。因此，从遥感图像中反演地物的反射光谱必须消除大气对图像的影响，遥感图像的大气校正有两类方法：一是基于大气辐射传输理论的方法；二是基于图像统计量的实验方法。

1）基于大气辐射传输理论的方法

在可见光-短波红外光谱区（0.4～2.5μm），地球本身的辐射可以忽略，所以只用考虑太阳光的辐射传输。遥感器所能接收到的太阳光包括太阳直射地表后的反射辐射、被大气散射辐射的太阳光（天空光）在地表的反射辐射、大气的上行散射辐射三部分（王纪华等，2008）。所以到达遥感器入瞳处的上行辐射为

$$L = A\rho(1 - \rho_{e}S) + B\rho_{e} / (1 - \rho_{e}S) + L_{a}^{*} \qquad (1\text{-}2)$$

式中，L 为传感器接收到的单个像元的辐照度；ρ 为该像元地表反射率；ρ_e 为该像元及周边像元的混合平均地表反射率；S 为大气球面反照率；L_a^* 为大气程辐射进入传感器的辐照度；A、B 是由大气条件及下垫面几何条件所决定的系数，与地表反射率无关。所有变量都与波段范围有关，为了简化该式，波长指数在式中被省略。式（1-2）等号右边第一项 $A\rho(1 - \rho_e S)$ 代表了太阳辐射经大气入射到地表后又经大气反射直接进入传感器的一部分辐照度，第二项 $B\rho_e / (1 - \rho_e S)$ 为经大气散射后的一部分散射光又重新漫入射被观察地物，经反射后进入传感器的一部分辐照度，L_a^* 为太阳辐射经大气散射后的散射光，直接向上通过大气进入传感器的一部分辐照度（王纪华等，2008）。ρ 和 ρ_e 的区别主要来自大气散射引起的"邻近像元效应"。

常用的大气辐射传输模型包括：①MODTRAN，MODTRAN 是由美国空军地球物理实验室（Air Force Geophysics Laboratory，AFGL）开发的计算大气透过率及辐射的软件包。MODTRAN 从 LOWTRAN 发展而来，提高了 LOWTRAN 的光谱分辨率。MODTRAN 的基本算法包括透过率计算、多次散射处理和几何路径计算等。需要输入的参数有五类：控制运行参数、遥感器的参数、大气参数、观测几何条件、地表变量。用 MODTRAN 进行大气纠正的一般步骤是先输入反射率，运行 MODTRAN 得到大气层顶部（top of atmosphere，TOA）光谱辐射，解得相关参数，然后把这些参数代入公式进行大气纠正。②6S 模型，该模型是由 Vermote 等用 FORTRAN 语言编写的适用于太阳反射波段（0.25～4μm）的大气辐射传输模式（Vermote et al.，1997），6S 描述了大气如何影响辐射在太阳-地表-遥感器之间的传输。需要输入的参数有几何参数（遥感器类型、成像日期和经纬度）、大

气中水和臭氧的浓度、气溶胶浓度、辐射条件、观测波段和海拔高度、地表覆盖类型和反射率。6S 预先设置了 50 多种波段模型，包括中分辨率成像光谱仪（moderate-resolution imaging spectroradiometer, MODIS）、先进甚高分辨率辐射仪(advanced very high resolution radiometer, AVHRR)、专题制图仪（thematic mapper, TM）等常见传感器的可见光近红外波段模型（王纪华等，2008）。

2）基于图像统计量的实验方法

（1）直方图调整法。假设图像中模糊目标与清晰目标的反射率直方图是一样的，在图像中找到清晰的目标，用清晰目标的反射率直方图来调整模糊目标的反射率直方图。常用的图像处理软件 PCI、ERDAS 中都采用了这种方法，其优点是简单、实用，缺点是对于由不同成分组成的混合像元，当空间气溶胶分布变化大时，这种方法校正的结果不准确。

（2）黑暗目标法。若图像中存在浓密植被或水体，它们在可见光（浓密植被）和红外光（水体）具有低反射率，根据其在此特征波段的反射率和其他波段反射率之间的相关关系，进行大气纠正。比如，在 Landsat ETM[①]/TM 波段（2.1μm）附近水体反射率应该为零，但由于大气效应往往反射率不为零，确定此差距可以用来去除其他波段像元中的大气干扰。

（3）固定目标法。假设图像中某像元反射率已知或"固定"，利用这些像元反射率和各波段光谱反射率之间的线性关系，可以对整个图像进行校正和均一化。如果得到卫星同步的地面观测反射率数据，则此方法是绝对大气校正方法。

（4）对比减少法。地表反射率稳定的地区，若不同时期获取的卫星信号发生变化，说明该区大气光学特征发生了变化，这样，变化差值可用于反演大气气溶胶厚度。但由于地表反射率一般是随时间和空间变化的，故稳定地表反射率假设限制了其广泛实用性。

（5）查找表法。利用辐射传输模型事先计算不同大气条件下的气溶胶光学厚度、单次散射反照率和相函数等，形成查找表，以便在进行校正时调入使用（王纪华等，2008）。

3. 几何校正

遥感图像因为传感器自身和成像条件等因素导致图像有很大的几何形变，为了使遥感图像上记录的地物信号和地面真实目标信息对应起来，必须对遥感图像进行精确的几何校正。几何校正是以某种通用的地图投影为基准，逐像元地建立图像坐标与相应地物地理坐标之间的正确映射，并依据这种映射关系，对具有几

---

① ETM：增强型专题制图仪（enhanced thematic mapper）。

何畸变的图像进行重采样,从而消除几何畸变、恢复正确投影关系的过程(童庆禧等,2006)。几何校正分为如下三种形式。

(1)系统性几何校正。当知道了消除图像几何畸变的理论校正公式时,可把该式中所含的与遥感器构造有关的校准数据(焦距等)及遥感器的位置、姿态等已知或实时记录的参数代入理论校正公式中进行几何校正。中心投影方式成像遥感器利用共线条件方程建立解析映射关系就是系统几何校正的典型例子(王纪华等,2008)。该方法对遥感器由内方位元素引起的畸变是有效的。但当遥感器的位置及姿态参数值精度不高时,对由外方位元素引起的畸变难以取得较好的校正效果。

(2)复合几何校正。运用系统性几何校正因缺乏高精度的遥感器姿态参数而无法获得符合精度要求的几何校正时,常采用复合几何校正,即在系统性几何校正的基础上,利用地面控制点进行次几何校正。具体做法有:①分阶段校正的方法,即首先根据理论校正公式消除几何畸变(如内部畸变等),然后利用少数的控制点,根据所确定的低次拟合多项式消除残余畸变(如外部畸变等);②提高几何校正精度的方法,即利用控制点以较高的精度推算理论校正公式中所含的遥感器参数及遥感器的位置及姿态参数(王纪华等,2008)。

(3)非系统性几何校正。在没有遥感器成像投影方式及姿态参数的情况下,利用控制点的图像坐标和地图坐标的对应关系,近似地确定所给的图像坐标系和应输出的地图坐标系之间的坐标变换式。坐标变换式经常采用2次等角变换式,2次、3次投影变换式,或高次多项式。坐标变换式的系数可从控制点的图像坐标值和地图坐标值根据最小二乘法求出。

1.3.3　农业定量遥感模型

定量遥感模型是从抽取遥感专题信息的应用需求出发,对遥感信息形成过程进行模拟、统计、抽象或简化,最后用文字、数学公式或者其他的符号系统表达出来。定量遥感模型概括起来分为三类:物理模型、统计模型和半经验模型。物理模型是根据物理学原理建立起来的模型,模型中的参数具有明确的物理意义;统计模型又被称为"经验模型",其建模思路是对一系列观测数据作经验性的统计描述或进行相关分析,建立遥感参数与地面观测数据之间的回归模型;半经验模型则综合了物理模型和统计模型的优点,其建模思路既考虑模型的物理含义,又引入经验参数。

此外,定量遥感模型也可以分为正演模型和反演模型。所谓正演模型是根据已知的地表上目标地物的固有光谱特性参数及大气的各种辐射传输参数,求出目标地物电磁波(反射)辐射强度,其过程也称为前向建模。前向建模是从遥感机理出发，用物理模型来描述电磁波传播过程，揭示电磁波与地表物质之间的相互作用规律，在此基础上形成遥感信息模型。而反演模型则是根据目标地物的电磁波（反射）辐射强度，求出不同尺度上辐射源、大气、地表物和遥感器有关的任一参数，这个过程又称为后向建模。遥感参数反演就是利用从传感器接收到的由地表地物发射（反射）的电磁波信息，基于一定的计算模型，根据遥感数据获取时的各种环境参数（如大气状况、成像时间等）信息计算出大气或地表目标物的相关物理参数（如地表反射率、植被参数及温度等）。

参 考 文 献

董高, 郭建, 王成, 等, 2015. 基于近红外高光谱成像及信息融合的小麦品种分类研究[J]. 光谱学与光谱分析, 35(12): 3369-3374.

顾名瀛, 1998. 多光谱扫描仪的星上辐射定标系统[J]. 航天返回与遥感, 1(3): 21-25.

国家自然科学基金委员会, 2011. 未来10年中国学科发展战略·农业科学[M]. 北京: 科学出版社.

李伯祥, 陈晓勇, 2020. 基于 Sentinel 多源遥感数据的河北省景县农田土壤水分协同反演[J]. 生态与农村环境学报, 36(6): 752-761.

林文鹏, 王长耀, 2010. 大尺度作物遥感监测方法与应用[M]. 北京: 科学出版社.

刘建贵, 1999. 高光谱城市地物及人工目标识别与提取[D]. 北京: 中国科学院.

刘伟东, 2002. 高光谱遥感土壤信息提取与挖掘研究[D]. 北京: 中国科学院.

梅安新, 彭望璓, 秦其明, 等, 2001. 遥感导论[M]. 北京: 高等教育出版社.

彭望璓, 白振平, 刘湘南, 等, 2002. 遥感概论[M]. 北京: 高等教育出版社.

滕安国, 高峰, 夏新成, 等, 2009. 高光谱技术在农业中的应用研究进展[J]. 江苏农业科学(3): 8-11.

田庆久, 1999. 机载成像光谱遥感器场外定标规范的初步研究[J]. 遥感技术与应用, 3: 15-19.

童庆禧, 张兵, 郑兰芬, 2006. 高光谱遥感原理、技术与应用[M]. 北京: 高等教育出版社.

王纪华, 赵春江, 黄文江, 等, 2008. 农业定量遥感基础与应用[M]. 北京: 高等教育出版社.

姚云军, 秦其明, 张自力, 等, 2008. 高光谱技术在农业遥感中的应用研究进展[J]. 农业工程学报, 24(7): 301-306.

Dinguirard M, Slater P N, 1999. Calibration of space-multispectral imaging sensers[J]. Remote Sensing of Environment, 68(3): 194-205.

Dong J W, Xiao X M, 2016. Evolution of regional to global paddy rice mapping methods: a review[J]. ISPRS Journal of Photogrammetry and Remote Sensing(119): 214-227.

Huang J, Tian L, Liang S et al., 2015. Improving winter wheat yield estimation by assimilation of the leaf area index from Landsat TM and MODIS data into the WOFOST model[J]. Agricultural and Forest Meteorology, 204: 106-121.

Kart L, Pan M, Wande R S N, et al., 2017. Four decades of microwave satellite soil moisture observations: part 1. a review of retrieval algorithms[J]. Advances in Water Resources, 109: 106-120.

Meng Q Y, Xie Q X, Wang C M, et al., 2016. A fusion approach of the improved Dubois model and best canopy water retrieval models to retrieve soil moisture through all maize growth stages from Radarsat-2 and Landsat-8 data[J]. Environmental Earth Sciences, 75(20): 1377.

Minet J, Curnel Y, Gobin A, et al., 2017. Crowdsourcing for agricultural applications: a review of uses and opportunities for a farm sourcing approach[J]. Computers and Electronics in Agriculture, 142: 126-138.

Persello C, Tolpekin V A, Bergado J R, et al., 2019. Delineation of agricultural fields in smallholder farms from satellite images using fully convolutional networks and combinatorial grouping[J]. Remote Sensing of Environment, 231(9): 111-253.

Song Q, Hu Q, Zhou Q B, et al., 2017. In season crop mapping with GF-1/WFV data by combining object-based image analysis and random forest[J]. Remote Sensing, 9(11): 1184.

Vermote E F, Jean L D, Maurice H, et al., 1997. Second simulation of the satellite signal in the solar spectrum, 6S: an overview[J]. IEEE Transactions on Geoscience and Remote Sensing, 35(3): 675-686.

Yang C H, Everitt J H, Fernandez C J, 2010. Comparison of air-borne multispectral and hyperspectral imagery for mapping cotton root rot[J]. Biosystems Engineering, 107(2): 131-139.

Zhong L H, Gong P, Biging G S, 2014. Efficient corn and soybean mapping with temporal extendability: a multi-year experiment using Landsat imagery[J]. Remote Sensing of Environment, 140(1): 1-13.

第 2 章 作物种植类型与面积遥感监测

作物具有不同的光谱反射特性,这种特性随作物生长发育阶段、时空条件的差异而不同。同一类型的作物具有相似的光谱特征,这是作物可度量性质的度量值(汪懋华等,2012;彭望琭等,2002)。通过卫星或航空遥感图像获取作物的特定光谱,并对其进行定量分析和变换,得到其特征向量,进而进行定量表达。

利用模式识别和计算机图像分类技术,可以区分出不同的作物类型,实现利用遥感图像进行作物类型识别的目标;多数情况下,分类是基于像元水平的计算来实现的。在植被识别中,高光谱技术体现出其窄波段、图谱合一的优势,能够大大提高对植被的识别与分类精度(汪懋华等,2012)。可从众多的窄波段中筛选出那些对植被类型光谱差异较明显的波段,利用几个窄波段对植被类型进行识别与分类,采用压缩技术重新组合几个综合波段,充分利用植被的光谱信息,改善植被的识别与分类精度(邬明权等,2014)。

在对作物进行类型识别和分类之后,就可以统计图像上各类型像元的总数,进而求算出不同类型作物的面积分布。为了提高精度,在大面积研究中,常采用气象卫星影像[如美国国家海洋和大气管理局(National Oceanic and Atmospheric Administration, NOAA)/AVHRR]和陆地资源卫星影像[如 TM、陆地成像仪(operational land imager, OLI)]相结合的方法(林文鹏等,2010)。

2.1 作物种植类型与面积遥感提取原理

计算机遥感图像识别属于模式识别的范畴,指利用地物的空间特征、光谱特征及多时相信息特征对目标进行识别和分类(汪懋华等,2012)。农作物类型的遥感图像识别和分类,就是利用模式识别和图像分类技术实现的。在作物遥感监测中,类型识别及面积的提取是技术的关键和难点(Zhu et al., 2010)。不同的地物类别具有不同光谱特征和结构特征,在遥感图像上呈现出像元亮度值的高低差异及空间变化。但由于地物成分、性质、分布情况的复杂性及成像条件等因素,同一类地物的光谱特征并不完全相同,在不同类型地物的光谱特征之间有时差别不大,即出现"同物异谱"和"同谱异物"现象,再加上一个像元或瞬间视场里有两种或多种地物的"混合像元"情况,使得遥感图像分类较为复杂。这种情况,主要依据像元的灰度及纹理等特征量所定义的特征空间来进行分类,即按照一定的分类规则对特征空间进行分割,并对其中包含的像元进行归类(汪懋华等,2012)。图像上的像元点由其在各个通道的亮度值 $x_1, x_2, \cdots, x_n$ 构成,地物在不同波段的亮度值构成了原始的光谱空间,各种地物由于其组成、结构不同,有其固有的光谱特性,位于光谱空间中的特定位置。在相同的条件下,图像上同类地物应具有相同或相似的光谱特征和空间特征。所以,同类地物像元的特征向量聚集在特征空间的同一区域内,而不同地物聚集在特征空间的不同区域(Yuan et al.,2016)。但绝对相同的条件在自然界中是不存在的,由于成像条件的变化,地物的成分、性质、分布情况的复杂多样性,以及混合像元的存在等各种因素,同类地物的光谱特征不尽相同,它们在特征空间中不是完全集中于一个点,但也不是杂乱无章地无序分布,而是相对集中,围绕某一点呈概率分布,遥感图像像元的亮度值一般呈多维正态分布,这给混合像元分割提供了条件。

近些年,高光谱遥感在农作物和植被监测及诊断性特征提取方面发挥了巨大的优势和应用潜力(Wang et al.,2010)。植被对电磁波的响应,即植被的光谱反射或发射特性是由其化学和形态学特征决定的,而这种特征与植被的发育、健康状况及生长条件密切相关。因此,具有高光谱分辨率、超多波段的成像光谱数据成为对地表植被进行观测的强有力工具。与常规遥感手段相比,高光谱遥感在植被信息反演的深度和广度方面都有很大提高(Manjunath et al.,2015;汪懋华等,2012)。成像光谱仪所获取的地物连续光谱比较真实、全面地反映了自然界各种植被所固有的光谱特性及其空间的差异性,从而可以大大提高植被遥感分类的精细程度和准确性,使得成像光谱图像数据与光谱仪地面实测光谱曲线数据之间的直接匹配成为可能;高光谱分辨率的植被图像数据将对传统的植被指数运算予以改进,大大提高植被指数所能反演的信息量,使人们可以直接获取叶面积指数、生物量、光合有效吸收系数、叶绿素密度等植被生物物理参量;超多波段图像数据使得根据混合光谱模型进行混合像元分解的能力得到提高,减小土壤等植被生长背景地物的影响,从而获取最终光谱单元像元的真实光谱特性曲线数据(苏伟等,2014);基于高光谱分辨率的光谱吸收特征信息提取,可以完成部分植被生物化学的定量填图(汪懋华等,2012)。例如,植被冠层在 1660nm 处的吸收光谱与在木质素中富集的非饱和 C—O 链有关,而植被冠层中木质素含量的多少,将直接影响自然界每年氮的矿化量和氮循环状况。目前,对植被干物质和水分含量的成像光谱数据反演可做到很高的精确度。

2.2　作物种植类型与面积遥感提取方法

遥感图像识别和分类通过计算机模式识别方法来实现,包括统计模式识别、人工神经元网络、模糊算法及语言结构等(赵友福等,1995)。遥感图像计算机自动分类的关键，是选择合适的分类规则（分类器），将复杂的特征空间划分为互不重叠的子空间，然后将图像的各个像元划归到各个子空间中去，以实现对不同地物类型的区分，获取作物面积。分类方法的选取将直接影响作物面积提取及估产的精度（汪懋华等，2012）。其中，统计模式识别法综合应用了地物类别在各波段中的均值、方差及各波段之间的协方差，有较好的统计特征，被广泛采用（Hu et al.，2019；Sidike et al.，2019）；近些年，基于面向对象分类方法不断成熟，成为作物种植类型与面积提取的主要方法。

2.2.1　统计模式识别法

统计模式识别法是先从被识别的对象中提取反映对象属性的特征值，并把对象特征定义在一个特征空间中，进而利用统计决策的原理对特征空间进行划分，以区分具有不同特征的对象，达到分类的目的。因为这种方法基于统计决策原理，所以又名决策论方法（Chen et al.，2019；汪懋华等，2012）。

根据对遥感图像上样本区内地物的类别是否具有先验知识，统计模式识别法又有监督分类和非监督分类两种方法。

1. 监督分类

监督分类又称训练区分类。它利用地面样区的实际调查资料作为图像分类的判别依据，并按照一定的判别规则对所有的图像像元进行判别处理，使得具有相似特征并满足一定判别规则的像元归并为一类；而且，在训练区分类中，如果地物对应于某类训练样区所提供的判别资料，计算机就将满足条件的像元识别为与训练区一致的地物，从而完成图像的识别和分类。

监督分类基于先验知识，根据训练场提供的样本选择特征参数，建立判别函数，对待分类点进行分类。训练场地的选择是监督分类的关键，在监督分类中由于训练样本不同，分类结果会出现极大的差异，因此，应该选取有代表性的样本用于监督分类，即样本应该是光谱特征比较均一的区域，在图像中根据均一的色调估计只有一类地物，且一类地物的训练样本可以选取一块以上。此外，样本量至少能满足建立分类判别函数的数量要求，对于光谱特征变化比较大的地物，训练样本要足够多，以反映其变化范围。一般情况下，要得到可靠的结果，每类选择 10～100 个训练样本。

监督分类流程如图 2-1 所示。

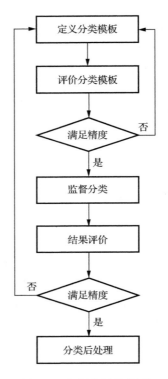

图 2-1　监督分类流程图

　　监督分类的判别规则可以分为无变量和有变量两种。各个判别规则的原理如下。
（1）平行六面体法。
　　在多波段遥感图像分类过程中，对于被分类的每一个类别，在各个波段上都要选取一个变差范围的识别窗口，形成一个平行六面体（图 2-2）。属于这一类别的所有空间点，都落在这一多维的平行六面体内。如果有多个类别，则形成多个平行六面体，所有属于各个类别的多维空间点也分别落入各自的多维平行六面体空间。

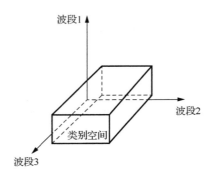

图 2-2　平行六面体的类别空间

（2）最大似然法。

最大似然法分类是通过计算出未知像元分别属于各个类别的概率，把未知像元划入概率取值最大的那一类别内。在实际分类中拟采用其对数变换形式，计算未知像元属于某一类别 i 的概率，公式为

$$g_i(X) = -\ln|S_i| - \left[(X - M_i)^{\mathrm{T}} S_i^{-1} (X - M_i) \right] \qquad (2\text{-}1)$$

式中，$g_i(X)$ 为像元属于第 i 类的概率；S_i 为第 i 类的协方差矩阵，表示在训练区内类别 i 像元的取值离散程度；M_i 为该类的均值矩阵（向量），是该类别训练区内第 i 类像元的平均值。对于任何一个像元值 X，其属于哪类的概率最大，就属于哪一类。最大似然法的基本前提是认为每一类的概率密度分布都是正态分布。

最大似然法可靠性好、分类精度较高，因而应用也最为广泛。但最大似然法需要先验概率和条件概率密度函数模型，其精度直接影响分类精度（汪懋华等，2012）。为此，许多人提出了改进的最大似然分类法。如刘东林等（1998）应用最小距离分类结果估计先验概率；于秀兰等（1999）提出了使用光谱特征为高斯分布的条件概率密度函数模型，以及最大似然估计参数的马尔可夫模型技术，并比较了该分类方法和最大似然法、最小距离法等的分类结果。

（3）最小距离法。

由训练数据得出每一类的均值向量及标准差向量，然后以均值向量作为该类在多维空间中的中心位置，计算输入图像中每个像元到各类中心的距离。到哪一类中心的距离最小，则该像元就归于哪一类。因而，在这类方法中距离就是一个判别函数。

在最小距离法中，计算图像中已知训练样区的统计参数（均值向量、标准差向量），作为该类在多维空间的中心位置；计算每个像元与不同训练样区统计判别特征参数间的距离，作为每个像元到各类中心的距离，然后将像元归入距离最小的那一类。

距离判别函数的建立，是以地物光谱特征在特征空间中按集群方式分布为前提的。其基本思想是计算某随机特征点到相关类别 W_i（$i = 1, 2, \cdots, m$）集群间的距离，哪类距离与它最近，它就归属于哪类。距离判别函数不像贝叶斯判决函数那样偏重于集群分布的统计性质，而是偏重于几何位置。其判别形式如下。

对于所有可能的 $j = 1, 2, \cdots, m$（$j \neq i$），若 $d_j(X) > d_i(X)$，则 X 属于 W_j。

常用的距离判别函数为欧氏距离，其表达式如下：

$$D_{ij} = \sqrt{\sum_{i=1}^{N} (X_i - M_{ij})^2} \qquad (2\text{-}2)$$

式中，N 为波段数；X_i 为像元在第 i 波段的像元值；M_{ij} 为第 j 类地物在第 i 波段的均值。

（4）马氏距离法。

马氏距离是一个方向灵敏的距离分类器，分类时将使用到统计信息，与最大似然法有些类似，但是它假定了所有类的协方差都相等，所以它是一种较快的分类方法。其表达式为

$$d_i(x_k) = (x_k - M_i)(\Sigma_i)^{-1}(x_k - M_i) \tag{2-3}$$

$$x_k = (x_{k1}, x_{k2}, \cdots, x_{kN})^T \tag{2-4}$$

$$M_i = (M_{i1}, M_{i2}, \cdots, M_{iN})^T \tag{2-5}$$

$$\Sigma_i = \begin{vmatrix} \sigma_{11} & \sigma_{12} & \cdots & \sigma_{1N} \\ \sigma_{21} & \sigma_{22} & \cdots & \sigma_{2N} \\ \vdots & \vdots & & \vdots \\ \sigma_{m1} & \sigma_{m2} & \cdots & \sigma_{mN} \end{vmatrix} \tag{2-6}$$

式中，x_k 为第 k 分量的距离；M_i 为 i 点的马氏距离；Σ_i 为多维随机变量的协方差矩阵。

集群 i 的协方差为

$$\sigma_{jl} = \frac{\sum_{k=1}^{n_i}(x_{kj} - M_{ij})(x_{kl} - M_{il})}{n_i(n_i - 1)} \tag{2-7}$$

与前两者距离不同，马氏距离是一种加权的欧氏距离，它是通过协方差矩阵来考虑变量相关性的。这是由于在实际中，各集群的形状是大小和方向各不相同的椭球体，如图 2-3 所示，尽管 K 点与 M_A 的距离 D_A 比与 M_B 的距离 D_B 小，即 $D_A < D_B$，但由于 B 集群比 A 集群离散得多，因而把 K 点划入 B 类更合理。加权可以这样理解，当集群方差越大时，S_i^{-1} 就越小，$d_i(x_k)$ 马氏距离就是欧氏距离的平方，即

$$d_i^2(x_k) = (x_k - M_i)^T(x_k - M_i) \tag{2-8}$$

在监督分类中，由于训练场地是人为选取的，可能不包括所有的自然地物类别，因此在分类中可能留下无类可归的像元。有两种方法解决：一是将无类可归类的像元组成一个未知类；二是按最近距离原则将其划分到已知类中。在 ERDAS IMAGEING 9.3 软件中完成监督分类具体分为以下步骤：定义分类模板、执行监督分类和评价分类结果。

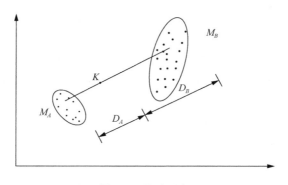

图 2-3　马氏距离

2. 非监督分类

非监督分类又称聚类分析，是通过在多光谱图像中搜寻、定义其自然相似光谱集群，对图像进行分类的过程。非监督分类不需要人工选择训练样本，仅需要预设一定的条件，让计算机按照一定的规则自动地根据像元光谱或空间等特征组成集群组，然后分析、比较集群组合参考数据，给每个集群组赋予一定的类别。常用的非监督分类方法包括 k-均值聚类算法（k-means clustering algorithm）和迭代自组织数据分析算法（iterative self-organizing data analysis techniques algorithm, ISODATA）两种。

非监督分类的优点在于不需要事先对所要分类的区域有广泛的了解，人为引入的误差小，而且独特的、覆盖量小的类别也能够被识别。但在实际应用中的主要缺陷在于其产生的光谱集群组一般难以与分析所获得的预分类别相对应，而且用户难以对分类过程进行控制。非监督分类的流程如图 2-4 所示。

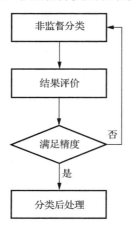

图 2-4　非监督分类流程图

非监督分类的前提是假定遥感图像上同类地物在相同条件下具有相同的光谱特征信息。非监督分类在不需要先验类别的情况下，仅依靠影响本身的特征进行特征提取，根据统计特征及点群的分布情况来划分地物。

（1）ISODATA 按照某个原则确定一些初始聚类中心，在实际操作中，要把初始聚类设定得大些，同时引入各种参数控制迭代的次数。例如：选取 N_c 个类的初始中心 $\{Z_i; i = 1, 2, \cdots, N_c\}$，求出图像的均匀值 M 和方差 σ，按照图 2-5 求出初始聚类中心如下：

$$Z_i = M + \sigma \left(\frac{2(i-1)}{N_c - 1} - 1 \right), \quad i = 1, 2, \cdots, N_c \qquad (2\text{-}9)$$

（2）像素聚类与分析。计算像素与初始类别中心的距离，把像素分配到最近的类别中，从而获得每个初始类别的集群成员。

（3）确定类别中心。在全部像素按照各类中心分类后，重新计算每一类新的均值，并作为下一次分类的中心，并执行上一级，循环迭代，直到达到迭代的次数（图 2-5）。

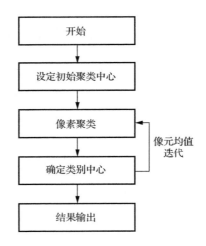

图 2-5　ISODATA 流程图

ISODATA 与 k-均值聚类算法相似，即聚类中心同样是通过集群组像元均值的迭代运算得到的。但 ISODATA 还加入了一些试探性步骤，并且结合成人机交互结构，使之能够利用通过中间结果所得到的经验。而 k-均值聚类算法能够通过动态聚类分析来实现非监督分类，但其聚类效果受其预先所选的初始类别数目和初始中心的影响；ISODATA 的收敛性也得不到保证（Du et al.，2019；汪懋华等，2012）。一般来说，非监督分类比监督分类的精度低，而且在类别中心数较大时，迭代次数增多，速度慢，所以很少有只用非监督方法来进行计算机自动分类的。

2.2.2 面向对象分类法

1. 面向对象分类基本原理

根据图像的光谱信息及形状信息，每个图像对象都是由有较高光谱特征相似度的像素构成，对获取的遥感图像进行分割处理，能得到许多具有相同纹理特征、相同结构等多元特征的对象，面向对象分类的方法以目标整体作为分析目标，结合中心像素集合与周围地物目标之间的区别和联系，运用更加完整的纹理、集合等信息完成地物分类（图 2-6）。

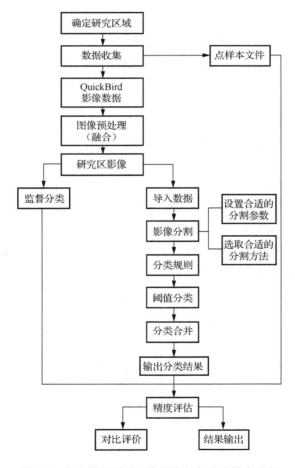

图 2-6 高分辨率遥感影像面向对象分类技术流程

2. 面向对象分类基本方法

遥感图像面向对象分类是相较于面向像元更加适用于高分辨率遥感图像的一种分类方法。面向对象并不是一种分类方法，而是一种分类思想。在选用适当方法之前，需要先进行多尺度分割。

多尺度分割是一种既能自动生成遥感图像的图像对象，又能将这些图像对象按等级结构联接起来的一门技术（游丽平，2007）。多尺度分割是基于多种尺度角度对图像进行分割，从而可以使分割结果与实际情况更加匹配，具有更高的精度要求。分割尺度最小的对象层中包括的多边形最多，而分割尺度较大的对象层中多边形包括的像元数目比较多，对象数量比较少。小尺度的对象层放在网络结构底部，而大尺度的则放在网络结构的顶部。对图像进行多尺度分割后，形成对象的多尺度等级体系，便可以进行面向对象分类了。

面向对象与基于像元的分类技术相比，最大的特点就是分类的基本单元不再是单个像元，而是根据同质性原则合并而成的多边形图像对象。该方法在利用光谱信息的同时，不仅考虑了图像对象的空间信息，而且在信息提取中融入了对象的纹理特征与邻域信息，使信息结果有了明显改进（张振勇等，2007）。

面向对象的分类方法中，通常像元信息只包含大小、位置、光谱信息三种，面向对象分类首先要进行分割，分割后的图像对象具有丰富的语义信息，可以根据其信息提取图像中形状特征和纹理特征等。面向对象的图像分类方法会综合利用各项参数，如各指标权重、尺度值等，根据要求建立分类规则，从而完成地物分类。面向对象分类框架的基础就是分类体系，不同层次可以针对特定底物类型建立各自的规则，通过不同分类规则的层间传递，使得分类规则的建立不仅可以利用本层对象信息，也可以利用比本层高或低的其他层次对象信息（黄慧萍等，2004）。

eCognition 软件是世界上第一个面向对象的智能化遥感图像分析软件。该软件融入了学术界前沿的数据分析方法，现已拥有二百多个可供选择的算法及相关特征（孙悦，2014）。eCognition 软件的面向对象图像分析最突出的特征是图像对象所包含的信息量更加丰富，提供了 200 多种特征与 1000 多种算法，除了色调，还有形状、纹理、环境信息及不同对象层的信息（陈蕊等，2020）。eCognition 软件具有多个模块窗口，可以清楚显示分类结果及图像信息。主要的模块有进程树（process tree）、分类等级（class hierarchy）、特征窗口（feature view）、图像目标信息（image object information）。在对地物进行分类时，eCognition 软件在操作过程中可以自动选择特征并且自动确定阈值，从而得到两两类别区分的规则。

3. 分类结果的精度评价

精度评价是指对被分类图像的分类准确性进行评价，最好的精度评价方法是比较被分类影像与假设精确的参考图像每个像素之间的一致性。但在多数情况下，很难取得一整幅精确的参考图（Ji et al.，2018）。因此，我们多选用实测地面控制点来检验分类精度。Congalton（1991）建议精度评价的每个类别至少有 50 个控制点，当区域很大或者分类类别很多时，每类的最小数量应增加到 75～100 个，当然这个数量需要根据每个类别在整体中所占的比例而有所调整。

1）误差矩阵

误差矩阵又叫混淆矩阵，它是 n 行 n 列的矩阵，其中 n 代表类别的数量（表 2-1）。其中：P_{ij} 是分类数据类型中第 i 类和实测数据类型第 j 类所占的组成成分；$P_{i+} = \sum_{i=1}^{n} P_{ij}$ 为分类所得到的第 i 类的总和；$P_{+j} = \sum_{j=1}^{n} P_{ij}$ 为实际观测的第 j 类的总和；P 为样本总和。

表 2-1　误差矩阵表（赵英时等，2003）

实测数据类型	分类数据类型				实测总和
	1	2	⋯	n	
1	P_{11}	P_{21}	⋯	P_{n1}	P_{+1}
2	P_{12}	P_{22}	⋯	P_{n2}	P_{+2}
⋮	⋮	⋮	⋮	⋮	⋮
n	P_{1n}	P_{2n}	⋯	P_{nn}	P_{+n}
分类总和	P_{1+}	P_{2+}	⋯	P_{n+}	P

2）精度评价参数

（1）总体分类精度。

$$P_c = \sum_{k=1}^{n} P_{kk} / P \tag{2-10}$$

式中，P_c 为总体分类精度，它表示的是对每个随机样本所分类的结果与地面所对应区域的实际类型相一致的概率；n 为分类类别数；P_{kk} 为第 k 类的判别样本数。

（2）用户精度。

$$P_{ui} = P_{ii} / P_{i+} \tag{2-11}$$

式中，P_{ui} 为用户精度，它表示从分类结果中任取一个随机样本，其所具有的类型与地面实测类型相同的条件概率。

（3）制图精度。

$$P_{Aj} = P_{jj} / P_{+j} \qquad (2\text{-}12)$$

式中，P_{Aj} 为制图精度，它表示相对于地面获得的实际资料中的任意一个随机样本，分类图上同一地点的分类结果与其相一致的条件概率。

（4）Kappe 系数。

为了描述被分类图与假设标准分类图之间的吻合程度，人们提出了 Kappe 系数。Kappe 系数评价指数被称为 k_{hat}，k_{hat} 的计算公式如下：

$$k_{\text{hat}} = \frac{N \sum_{i=1}^{r} x_{ij} - \sum_{r=1}^{r} x_{i+} x_{+i}}{N^2 - \sum_{i=1}^{r} (x_{i+} x_{+i})} \qquad (2\text{-}13)$$

式中，k_{hat} 为 Kappe 系数；N 为总样本数；x_{i+} 为某一类所在列总数；x_{+i} 为某一类所在行总数。

参 考 文 献

陈蕊, 张继超, 2020. 基于 eCognition 的遥感图像面向对象分类方法研究[J]. 测绘与空间地理信息, 43(2): 91-95.

黄慧萍, 吴炳方, 李苗苗, 等, 2004. 高分辨率影像城市绿地快速提取技术与应用[J]. 遥感学报, 8(1): 68-74.

林文鹏, 王长耀, 2010. 大尺度作物遥感监测方法与应用[M]. 北京: 科学出版社.

刘东林, 周建林, 王晶鑫, 等, 1998. 农作物遥感分类中一种改进的最大似然法[J]. 中国农业资源与区划(5): 18-21.

彭望璓, 白振平, 刘湘南, 等, 2002. 遥感概论[M]. 北京: 高等教育出版社.

苏伟, 刘睿, 孙中平, 等, 2014. 基于 SEBAL 模型的农作物 NPP 反演[J]. 农业机械学报, 45(11): 272-279.

孙悦, 2014. 基于 eCognition 的卫星遥感影像分析技术[J]. 无线电工程(3): 35-39.

汪懋华, 赵春江, 李民赞, 等, 2012. 数字农业[M]. 北京: 电子工业出版社.

邬明权, 牛铮, 王长耀, 2014. 多源遥感数据时空融合模型应用分析[J]. 地球信息科学学报, 16(5): 776-783.

游丽平, 2007. 面向对象的高分辨率遥感影像分类方法研究[D]. 福州: 福建师范大学.

于秀兰, 钱国惠, 贾晓光, 1999. TM 和 SAR 遥感图像特征层融合分类方法的研究[J]. 高技术通讯(6): 34-39.

张振勇, 王萍, 朱鲁, 等, 2007. eCognition 技术在高分辨率遥感影像信息提取中的应用[J]. 国土资源信息化(2): 15-17.

赵英时, 等, 2003. 遥感应用分析原理与方法[M]. 北京: 科学出版社.

赵友福, 林伟, 1995. 应用地理信息系统对梨火疫病可能分布区的初步研究[J]. 植物检疫, 9(6): 321-326.

Chen D, Chang N, Xiao J, et al., 2019. Mapping dynamics of soil organic matter in croplands with MODIS data and machine learning algorithms[J]. Science of the Total Environment, 669: 844-855.

Congalton R G, 1991. A review of assessing the accuracy of classifications of remotely sensed data[J]. Remote sensing of Environment, 37(1): 35-46.

Du Z R, Yang J Y, Ou C, et al., 2019. Smallholder crop area mapped with a semantic segmentation deep learning method[J]. Remote Sensing, 11(7): 888.

Hu Q, Sulla-Menashe D, Xu B D, et al., 2019. A phenology-based spectral and temporal feature selection method for crop type mapping from satellite time series[J]. International Journal of Applied Earth Observations and Geoinformation, 80: 218-229.

Ji S P, Zhang C, Xu A J, et al., 2018. 3D convolutional neural networks for crop classification with multi-temporal remote sensing images[J]. Remote Sensing, 10(2): 75.

Manjunath K R, Revat, S M, Jain N K, et al., 2015. Mapping of rice-cropping pattern and cultural type using remote sensing and ancillary data: a case study for south and southeast Asian countries[J]. International Journal of Remote Sensing, 36: 6008-6030.

Sidike P, Sagan V, Maimaitijiang M, et al., 2019. Deep progressively expanded network for mapping heterogeneous agricultural landscape using worldview-3 satellite imagery[J]. Remote Sensing of Environment, 221(2): 756-772.

Wang H S, Jia G S, Fu C B, et al., 2010. Deriving maximal light use efficiency from coordinated flux measurements and satellite data for regional gross primary production modeling[J]. Remote Sensing of Environment, 114(10): 2248-2258.

Yuan W P, Chen Y, Xia J, et al., 2016. Estimating crop yield using a satellite-based light use efficiency model[J]. Ecological Indicators, 60(2): 702-709.

Zhu X L, Chen J, Gao F, et al., 2010. An enhanced spatial and temporal adaptive reflectance fusion model for complex heterogeneous regions[J]. Remote Sensing of Environment, 114(11): 2610-2623.

第 3 章 作物病虫害遥感监测

3.1 作物病虫害遥感监测机理

遥感技术是一种远距离、在不直接接触目标物体的情况下，通过接收目标物体的反射或辐射电磁波探测地物光谱信息，并获取目标地物的光谱数据与图像的技术（Franch et al.，2019；蒋文科等，2001）。目前，遥感技术在农学监测方面已被广泛应用于定性及定量分析中。作物受病虫害胁迫时会表现出不同形式的光谱响应，而遥感监测的本质是要捕捉这些光谱变化，进而分析作物是否受到病虫害侵染、侵染的程度及侵染的阶段（张文英等，2011）。从另一层次上看，作物的光谱响应是由其组成物质的结构、成分对不同波长光谱波段的吸收和反射特性差异所决定（张文英等，2011；黄文江，2009）。因此，了解植被中各种组分对整体吸收和反射光谱的影响及在侵染病虫害状况下光谱整体的变化规律，有助于我们从机理上掌握光谱与作物病虫害间的联系，进而为病虫害的监测提供线索。

3.1.1 叶片生化组分特征吸收波段

20 世纪 60～70 年代，美国农业部的研究人员详细测定和分析了干燥和捣碎的多种植物叶子光谱，获得在 400～2400nm 光谱范围内 43 处对应一定生物化学成分的吸收特征（表 3-1）。

表 3-1 400～2400nm 光谱范围内 43 个吸收特征与干燥捣碎叶子生化成分关系（黄文江，2009）

波长/nm	电子跃迁或化学键振动	生化成分	遥感须考虑的因素
430	电子跃迁	+叶绿素 a	大气散射
460	电子跃迁	+叶绿素 b	大气散射
640	电子跃迁	+叶绿素 b	
660	电子跃迁	+叶绿素 a	
910	C—H 键伸展，三次谐波	蛋白质	
930	C—H 键伸展，三次谐波	油	
970	O—H 键弯曲，一次谐波	+水，淀粉	
990	O—H 键弯曲，二次谐波	淀粉	
1020	N—H 键伸展	蛋白质	

续表

波长/nm	电子跃迁或化学键振动	生化成分	遥感须考虑的因素
1040	C—H 键伸展，C—H 键变形	油	
1120	C—H 键伸展，二次谐波	木质素	
1200	O—H 键弯曲，一次谐波	+水，纤维素，淀粉，木质素	
1400	O—H 键弯曲，一次谐波	+水	
1420	C—H 键伸展，C—H 键变形	木质素	
1450	O—H 键伸展，一次谐波	淀粉，糖	大气吸收
1470	C—H 键伸展，变形	木质素，水	
1490	O—H 键伸展，一次谐波	纤维素，糖	
1510	N—H 键伸展，一次谐波	+蛋白质，+N	
1530	O—H 键伸展，一次谐波	淀粉	
1540	O—H 键伸展，一次谐波	淀粉，纤维素	
1580	O—H 键伸展，一次谐波	淀粉，糖	
1690	O—H 键伸展，一次谐波	+木质素，淀粉，蛋白质，N	
1780	C—H 键伸展，一次谐波，O—H 键伸展，H—O—H 键变形	+纤维素，+糖，淀粉	
1820	O—H 键伸展，C—O 键伸展，二次谐波	纤维素	
1900	O—H 键伸展，C—O 键伸展	淀粉	
1940	O—H 键伸展，O—H 键变形	+水，木质素，蛋白质，N，淀粉，纤维素	大气吸收
1960	O—H 键伸展，O—H 键弯曲	糖，淀粉	大气吸收
1980	N—H 键不对称	蛋白质	大气吸收
2000	O—H 键变形，C—O 键变形	淀粉	大气吸收
2060	N＝H 键弯曲，二次谐波，N—H 键	蛋白质，N	大气吸收
2080	O—H 键伸展，O—H 键变形，O＝H 键弯曲，C—H 键伸展	糖，淀粉，+淀粉，纤维素	大气吸收
2100	C—O—C 键伸展，三次谐波	+淀粉，纤维素	
2130	N—H 键伸展	蛋白质	大气吸收
2180	N—H 键弯曲，二次谐波，C—H 键伸展，C—O 键伸展，C＝O 键伸展，C—N 键伸展	+蛋白质，+N	

波长/nm	电子跃迁或化学键振动	生化成分	遥感须考虑的因素
2240	C—H 键伸展	蛋白质	信噪比迅速下降
2250	O—H 键伸展，O—H 键变形	淀粉	信噪比迅速下降
2270	C—H 键伸展，O—H 键伸展，CH_2 弯曲，CH_2 弯曲，CH_2 伸展	纤维素，淀粉，糖	信噪比迅速下降
2280	C—H 键伸展，CH_2 弯曲	淀粉，纤维素	信噪比迅速下降
2300	N—H 键伸展，C≡O 键伸展，C—H 键弯曲，二次谐波	蛋白质，N	信噪比迅速下降
2310	C—H 键弯曲，二次谐波	+油	信噪比迅速下降
2320	C—H 键伸展，CH_2 变形	淀粉	信噪比迅速下降
2340	C—H 键伸展，O—H 键变形，C—H 键变形，O—H 键伸展	纤维素	信噪比迅速下降
2350	CH_2 弯曲，二次谐波，C—H 键变形，二次谐波	纤维素，蛋白质，N	信噪比迅速下降

注：+表示化学成分中有一个较强的吸收波长。

　　表 3-1 总结了由于化学成分分子键弯曲振动或伸展、电子跃迁所形成的 42 个吸收特征波长对应的生化成分。相对于新鲜叶片和冠层来说，虽然多次散射、水分吸收和相互干扰使大多数吸收特征都会比捣碎干叶情形变宽，且大部分吸收特征将会被水分、色素等强吸收特征所淹没，但是了解各个生化成分在光谱上的吸收位置仍有助于从机理上分析病虫害胁迫的影响特点、找出关键的光谱特征（黄文江，2009）。

3.1.2　作物反射光谱特征

　　作物叶片光谱特征的形成是由于植物叶片中化学组分分子结构中的化学键在一定电磁波辐射条件下，吸收特定波长的辐射能，产生了不同的光谱反射率结果（Samseemoung et al.，2011；黄文江，2009）。因此，特征波长处光谱反射率的变化对叶片化学组分的多少非常敏感，故称敏感光谱。作物的反射光谱特征主要是由叶片的叶肉细胞、叶绿素、水分和其他生物化学成分对光线的吸收和反射形成的。在不同波段，作物反射光谱曲线具有不同的形态和特征，它是物体表面粒子结构、粒子尺度、粒子的光学性质、入射光波长等参数的函数（黄文江，2009）。典型的绿色植物反射光谱，在可见光区域（400～700nm），叶片的反射和透射都很低，存在两个吸收谷和一个反射峰，即 450nm 处的蓝光、550nm 处的绿光和 650nm 处的红光。吸收谷是色素强烈吸收造成的，在短波近红外区域（700～1300nm）呈强烈反射，因为叶肉内的海绵组织结构内有很大反射表面的空腔，且细胞内的叶绿素呈水溶性胶状态，具有强烈红外反射特性。在 1300～3000nm 的红外光谱区有三个吸收谷，即 1450nm、1950nm 和 2700nm 的水分吸收带。不同的植物及同一种植物在不同的生长发育阶段，其反射光谱曲线形态和特征也不同，病虫害、灌溉、施肥等条件的不同也会引起植物反射光谱特性的变化，正是这些变化使得遥感监测作物病虫害的发生情况成为可能。

作物叶片的叶绿素对可见光（尤其是红光波段）有较强烈的吸收作用，因此红光波段包含了植物叶片的丰富信息。而作物对近红外波段有高的反射率、高的透射率和极低的吸收率，近红外对作物差异及作物长势反应十分敏感，因此近红外波段包含了作物冠层叶片的大量信息（黄文江，2009；Ray et al.，2001）。作物重要波段的特征如下。

（1）350～490nm 波段的主要特征。

在 380nm 波长附近为大气的弱吸收带，400～450nm 波段为叶绿素的强吸收带，425～490nm 波段是类胡萝卜素的强吸收带。叶绿素 a 对蓝光的吸收率约为对红光吸收率的 1.5 倍；叶绿素 b 对蓝光的吸收率约为对红光吸收率的 3 倍，即太阳辐射到达地面的紫外线和蓝紫光绝大部分被植物所吸收，而反射和透射得极少。所以，350～490nm 波段的反射光谱曲线具有很平缓的开头和很低的数值，其平均反射率一般不超过 10%（黄文江，2009）。

（2）490～600nm 波段的主要特征。

490～600nm 波段是类胡萝卜素的次强吸收带，530～590nm 波段是藻胆素中藻红蛋白的主要吸收带，但 550nm 波长附近是叶绿素的绿色强反射峰区，同时叶绿素在数量上比附加色素（类胡萝卜素和藻胆素等）占优势。因此，在 490～600nm 波段植物的反射光谱曲线具有波峰形态和中等的反射率数值（大多数在 8%～28%）。此外，在 550nm 波长处又是植物吸收率的一个谷值，而透射率在此波长处为一峰值。

（3）600～700nm 波段的主要特征。

610～660nm 波段是藻胆素中藻蓝蛋白的主要吸收带，而 650～700nm 波段则是叶绿素的强吸收带。植物体中的叶绿素有 a、b、c、d 四种形态。从数量和作用上看，叶绿素 a 和叶绿素 b 对植物的反射光谱曲线影响较大。在叶绿体中叶绿素 a 有 4 个以上的吸收峰（主要在 670nm、680nm、695nm 和 700nm 处），叶绿素 b 仅在 650nm 波长处有一个吸收峰。通常在作物体中叶绿素 a 含量是叶绿素 b 含量的 3 倍，故叶绿素 a 对作物反射光谱曲线的影响尤为明显，其中叶绿素 a 在 680nm 和 700nm 波长处的吸收峰作用最大。同时，叶绿素每同化一个 CO_2 分子，放出一个 O 分子，需要吸收 8 个光量子，其吸收光的作用很强，总的吸收率可达 90% 左右。总之，在 600～700nm 波段处作物的反射光谱曲线具有波谷的形态，并具有很低的反射率值。多数作物的反射率谷值在 680nm 或 670nm 波长处。而作物光合作用的量子产额（即被吸收的每个量子对 CO_2 的固定数量）从 670nm 开始即随波长的增加而急剧下降；作物的反射率和透射率从 670～680nm 波长开始，随着波长的增加而急剧下降（黄文江，2009）。

（4）700～750nm 波段的主要特征。

此波段的主要特征是作物反射率急剧上升，曲线陡而接近于直线的形状。其斜率与作物单位叶面积所含叶绿素（a+b）的含量有关，但含量超过 4～5mg/dm^2 后则趋于稳定，相关关系表现得不明显。在 720～740nm 波段处有水的弱吸收，但被作物反射率的急剧增高所掩盖，在曲线形成上没有明显反映。单片叶子的光谱从以 680nm 为中心的反射率极小值过渡到从 80nm 开始的反射峰，其间必存在一个拐点，也就是反射率对波长的二次微分等于零的点，该拐点所对应的波长（λ_{red}）被称为"红边"。描述红边特性的另一个重要参数是红边斜率，即光谱在红边处的一阶微分值（$\frac{dR}{d\lambda}\big|\lambda = \lambda_{red}$）（黄文江，2009）。红边的变动与叶子内部的物理状态密切相关，例如任何原因引起近红外反射峰的降低，均会引起红边位置的迁移，所以红边概念对排除外来干扰，特别是对排除来自土壤背景的干扰，提取植被信息是十分有用的。

（5）750～1300nm 波段的主要特征。

作物的反射光谱曲线在此波段具有波状起伏的特性和高反射率的数值。作物在此波段的透射率也相当高，而吸收率极低。这种现象可以看成是作物预防过度增热的一种适应。此波段的平均反射率室内测量值多为 35%～78%，而野外测量值则多为 25%～65%。在 760nm 波长处为水和氧的一个强吸收谷点；850nm 和 910nm 波长处为水的弱吸收谷点；960～1120nm 波长处为水的强吸收谷点。这些谷点在作物反射光谱曲线上有的表现为谷点，有的是反射率增长速度减慢的拐点，还有的表现为反射率由增长至开始减少的拐点。在 890～1080nm 和 1260nm 波长处，作物反射率表现为峰值；而在 1190nm 波长处作物反射率表现为谷值，这与作物本身的生物学特性有关（黄文江，2009）。

（6）1300～1600nm 波段的主要特征。

植物反射光谱曲线在此波段具有波谷的形态和较低的反射率（大多数为 12%～18%）数值，这种特点与 1360～1470nm 波段是水和二氧化碳的强吸收带有关。

（7）1600～1830nm 波段的主要特征。

植物反射光谱曲线在此波段表现为波峰的形态，并具有较高的反射率（大多数为 20%～39%）数值，这种特点与植物本身及所含水分的光谱特性有关。

（8）1830～2080nm 波段的主要特征。

植物反射光谱曲线在此波段具有波谷的形态和很低的反射率（大多数为 6%～10%）数值，这与水和二氧化碳在此波段为强吸收带有关。

（9）2080~2350nm 波段的主要特征。

植物反射光谱曲线在此波段具有波峰的形态和中等的反射率（大多数为10%~23%）数值，这种特点与植物本身及其所含水分的光谱特性有关。此波段的反射率数值低与植物对光的吸收有所增加有关，这可以看成是植物体预防其本身过度变冷的一种适应。由于叶片中叶肉细胞、叶绿素、水分含量、氮素含量及其他生物化学成分的不同，植物的反射光谱在不同波段会呈现出不相同形态和特征的反射光谱曲线。

3.1.3　作物荧光光谱特征

作物叶绿素分子吸收光能，由基态跃迁到激发态，处于激发态的叶绿素分子有三种运动方式：以热的形式释放能量；通过一系列光子传递过程引发光合作用；从激发态以荧光或磷光的形式释放能量回到基态（黄文江，2009）。

作物吸收的光子能量比其释放的荧光光子能量强，荧光出现在更长的波段上。叶绿素荧光发射峰位于红光（R）区和远红光（FR）区。虽然很弱（不足吸收光能的3%），但和光合作用直接相关，已经被广泛应用于评价叶片光合能力（黄文江，2009），被称为测定叶片光合功能快速、无损伤的探针。

一般绿色植物的荧光光谱通常在400~800nm 内存在三个较为明显的荧光峰，其峰值波长在400nm、685nm 和740nm 处。这三个特征峰可作为遥感接收系统的光谱通道，有些植物在525nm 或550nm 处也有荧光峰。叶绿素荧光发射波长范围在650~780nm，荧光发射峰在685nm 和740nm 左右。红光区荧光来源于与光系统 II 有关的叶绿素，远红光区荧光来源于光系统 II 和光系统 I 的叶绿素。而决定蓝绿波段450nm 处荧光峰的色素尚未明确，但一般认为属于维生素 K 或一种类似的苯醌，其峰值的强度可反映该区色素向叶绿素 a 传递能量的有效程度。蓝绿光区荧光不直接与叶绿素和光合过程相连，它和物种密切相关（黄文江，2009）。在发射源对应的叶片组织结构方面，蓝绿光区荧光发射主要来自主、侧叶脉，而红光区和远红光区荧光主要来自非叶脉区域。

3.2　作物病虫害遥感监测数据分析方法

3.2.1　光谱数据运算与变换方法

1. 光谱反射率分析方法

光谱反射率分析方法是最简单、最基本的光谱分析方法，它是其他光谱数据运算的变换方法的基础。通常可通过对预处理后的原始光谱进行分析，发现其地物的基本光谱特征和规律，并在对原始光谱反射率分析的基础上，找出有效的光谱和特征光谱，有助于对地物的光谱特征和规律进行深度挖掘（Cowen et al.，2010；黄文江，2009）。

不同作物或同一作物在不同生长季节、不同病虫危害程度下，有其特殊意义的诊断性光谱特征，通过光谱分析技术可以探测作物的健康状况及病虫害发生情况。利用光谱反射率分析技术监测农作物病虫害，是从传感器直接获得的数据入手，分析其转化后的光谱反射率特征，通过对健康植被反射率和病虫害植被光谱反射率特征的比较，获得病虫害植被的光谱特征信息。利用该方式对农作物病虫害监测具有直接、简单和快速的特点，在遥感监测农作物病虫害中具有普适性（黄文江，2009）。但利用光谱反射率分析技术监测农作物病虫害时只能定性分析其光谱特征，因为该方法主要是考虑作物病虫害的光谱特性，而很少考虑病虫害导致作物体内生理生化组分的变化。

2. 植被指数分析方法

20 世纪 60 年代以来，科学家已经利用遥感数据提取和模拟了各种生物物理变量，大量的研究都采用了植被指数。植被指数是选用多光谱遥感数据经分析运算（加、减、乘、除等线性或非线性组合方式），产生某些对植被长势、生物量等有一定指示意义的数值（Wang et al.，2011；黄文江，2009）。因此，植被指数是遥感应用领域中用来表征地表植被覆盖、生长状况的一个简单而有效的度量参量（Dash et al.，2017；Ray et al.，2001）。植被指数应该具有以下特点。

（1）对植物生物物理参数尽可能敏感，最好呈线性响应，这使其可以在大范围的植被条件下使用，并且方便对指数进行验证和定标。

（2）归一化可模拟外部效应，如太阳角、观测角和大气，以便能够进行空间和时间上的比较。

（3）归一化内部效应如冠层背景变化，包括地形（坡度和坡向）、土壤类别，以及衰老或木质化（不进行光合作用的冠层组分）植被的差异。

（4）能和一些特定的可测度生物物理参数，例如生物量、叶面积指数（leaf area index, LAI）进行耦合，可以作为验证和质量控制部分。

在植被指数中，通常选用对绿色植物（叶绿素引起的）强吸收的可见光红波段（600～700nm）和对绿色植物（叶内组织引起的）高反射和高透射的近红外波段（700～1100nm）。这两个波段不仅是植物光合作用中最重要的波段，而且它们对同一生物物理现象的光谱响应截然相反，形成明显反差，这种反差随着叶冠结构、植被覆盖度变化而变化，因此可以对它们用比值、差分、线性等多种组合来增强或揭示隐含的植物信息。建立植被指数的关键在于如何有效地综合各有关的光谱信号，在增强植被信息的同时，使非植被信息信号最小化。

农作物受病虫危害后，其生物物理和生物化学参数往往会发生很大变化（黄文江，2009；王纪华等，2008）。许多研究已经表明利用高光谱数据及由此衍生得到的植被指数监测病虫害是可行的，国内外许多学者利用 NDVI、RVI 来反演病情，并提出了新的植被指数（秦其明等，2018；Liu et al.，2017）。常用的植被指数和最新改进的植被指数如下。

（1）RVI。

RVI 是指近红外波段和红光波段的比值，可表示为

$$\mathrm{RVI} = \frac{\mathrm{NIR}}{R} \tag{3-1}$$

式中，NIR、R 分别代表近红外波段和红光波段。

RVI 能增强植被与土壤背景之间的辐射差异，是植被长势、丰度的度量方法之一，它与叶面积指数、叶干生物量及叶绿素含量等高度相关，被广泛用于估算和监测绿色生物量。但 RVI 对大气状况很敏感，大气效应大大地降低了它对植被监测的灵敏度，并且当植被覆盖度小于 50%时，它的分辨能力显著下降。

（2）NDVI。

NDVI 是 RVI 经非线性的归一化处理所得，被定义为近红外波段与红光波段数值之差与这两个波段数据之和的比值，可表示为

$$\mathrm{NDVI} = \frac{\mathrm{NIR} - R}{\mathrm{NIR} + R} \tag{3-2}$$

NDVI 在功能上等同于简单的比值指数，NDVI 是 RVI 的一个非线性变换。NDVI 是一个重要的植被指数，可以监测到植被生长活动的季节与年际变化，NDVI 对绿色植被表现敏感，常用于计算地表植被数量和活力，是植被生长状态及植被覆盖度的最佳指示因子。经过比值处理，可以部分消除乘法噪声影响（太阳光照差异、云阴影、部分大气衰减和部分地形差异），同时 NDVI 经归一化处理，降低了因遥感器标定衰退对单波段的影响，并使由地表双向反射和大气效应造成的角度影响减小。

NDVI 自身也具有一些局限性，包括：基于比值的指数是非线性的，可以受到大气程辐射的影响；在高生物量情况下，常发生信号饱和带来的尺度问题，NDVI 经比值处理，由于 NDVI 增强了近红外与红色通道反射率的对比度，它是近红外和红色比值的非线性拉伸，因此在作物生长初期 NDVI 将过高估计植被覆盖度，而在作物生长的后期 NDVI 值偏低；对冠层背景的变化很敏感（如透过冠层可见到土壤），NDVI 值在较暗的冠层背景下较大（黄文江，2009）。

由于 NDVI 具有以上特点，因此，它在遥感的图像处理和信息提取中应用颇广，如用多时相图像的 NDVI 进行不同地物分类，结合其他植被指数进行植物长势监测和病虫害监测等。

（3）DVI。

DVI 是指近红外波段和可见光红波段数值之差，即

$$DVI = NIR - R \qquad (3-3)$$

DVI 的应用远不如 RVI、NDVI 广泛。它对土壤背景的变化极为敏感，有利于对植被生态环境的监测，因此又被称为环境植被指数。另外，当植被覆盖度大于 80%时，它对植被的灵敏度下降，适用于植被发育早期、中期，或低、中覆盖度的植被检测。

（4）重归一化植被指数。

NDVI 在低植被覆盖情况下对土壤亮度敏感；DVI 只在低 LAI 值表现好，随 LAI 增加变得对土壤背景敏感。因此，Roujean 等（1995）取 DVI 和 NDVI 两者之长，提出了一种可用于低、高不同植被覆盖情况下的植被指数，即重归一化植被指数（renormalized difference vegetation index, RDVI），其计算公式为

$$RDVI = \sqrt{NDVI \times DVI} \qquad (3-4)$$

（5）全球环境监测植被指数。

Pinty 等（1992）为了消除土壤和大气的干扰，提出了全球环境监测植被指数（global environment monitoring vegetation index, GEMI），GEMI 不用改变植被信息而且可以减小大气影响，能很好地分离云和陆地表面，并保存了比 NDVI 指数相对低密度至浓密度覆盖更大的动态范围。但 Qi 等（1994）发现在低植被覆盖区，土壤 GEMI 的影响非常显著，GEMI 并不具备消除土壤影响的能力。其计算公式为

$$GEMI = (1 - 0.25\eta) - (R - 0.125)/(1 - R) \qquad (3-5)$$

式中，$\eta = \left[2(NIR^2 - R^2) + 1.5NIR + 0.5R \right] / (NIR + R + 0.5)$。

（6）三角形植被指数。

在可见光波段，叶绿素对植物光谱特性具有极其重要的作用。在以 450nm 为中心的蓝光波段和以 670nm 为中心的红光波段，叶绿素强烈吸收辐射能而呈吸收谷。在这两个吸收谷之间，吸收相对减少，形成绿色反射峰。在近红外波段内，植物光谱特性取决于叶片内部的细胞结构。叶子反射能和透射能相近，而吸收能量很低，在近红外波段形成高反射。Broge 等（2001）通过连接可见光的红光波段（R）和绿光波段（G）及近红外波段（NIR）三个反射特征点形成三角形，提出了三角形植被指数，计算公式为

$$TVI = 0.5 \times \left[120(NIR - G) - 200(R - G) \right] \qquad (3-6)$$

（7）增强土壤大气修正植被指数。

将大气抵抗植被指数和抗土壤植被指数综合在一起时，土壤和大气互相影响，减少其中一个噪声可能会增加另一个噪声，于是通过参数构建了一个同时校正土

壤和大气影响的反馈机制，同时对两者进行修正，这就是增强土壤大气修正植被指数（enhanced soil-atmosphere correction vegetation index, EVI）。它利用背景调节参数 L 和大气修正参数 C_1、C_2 同时减少背景和大气的作用。计算公式为

$$\text{EVI} = \frac{\text{NIR} - R}{\text{NIR} + C_1 R - C_2 B + L}(1 + L) \qquad (3\text{-}7)$$

EVI 是修正的 NDVI，有一个土壤调整因子 L 和两个系数 C_1、C_2 以描述使用蓝光波段校正红光波段的大气气溶胶散射影响，系数 C_1、C_2 和 L 的经验值分别为 6.0、7.5 和 1.0。该算法增强了对高生物量区域的敏感性，并通过分离冠层背景信号和降低大气影响来提高对植被的监测能力。

（8）归一化差异绿度指数。

与大多数植被指数不同的归一化差异绿度指数（normalized difference green index, NDGI）是指可见光的红光波段和绿光波段之差与这两个波段之和的比值，计算公式为

$$\text{NDGI} = (G - R) / (G + R) \qquad (3\text{-}8)$$

NDGI 灵敏度强，对植被生长活力的监测非常有效，可用来对不同活力的植被形式进行检验。

3. 微分光谱分析方法

微分光谱分析是高光谱数据分析较主要的技术之一，对光谱曲线进行微分或采用数字函数估算整个光谱上的斜率，由此得到光谱曲线斜率称微分光谱。微分光谱又叫导数光谱，可分为一阶导数光谱和高阶导数光谱。微分光谱分析实质上反映了植物内部物质的吸收波形变化。导数光谱法最初起源于分析化学，用来去除背景信号和解决光谱重叠问题，此概念也已经被用于遥感光谱的微分。微分不能产生多于原始光谱的数据信息，但可以抑制或去除无关信息，突出感兴趣信息，例如，去除背景吸收和杂光反射信号。与具有较宽结构特征的光谱相比，具有窄结构的光谱可以得到增强。

在植被光谱分析中，利用微分光谱分析技术可以减少背景噪声和提高重叠光谱分辨率。在太阳光的大气窗口内，测得的光谱是地物吸收光谱及大气吸收和散射光谱的混合光谱，一般是以反射率的数据图像表达。由于光谱采样间隔的离散性，微分光谱一般用差分方法来近似计算。

$$R'(\lambda_i) = \frac{\mathrm{d}R(\lambda_i)}{\mathrm{d}\lambda} = \frac{R(\lambda_{i+1}) - R(\lambda_{i-1})}{2\Delta\lambda} \qquad (3\text{-}9)$$

式中，λ_i 为波段 i 的波长值；$R(\lambda_i)$ 为波长 λ_i 的光谱值；$\Delta\lambda$ 为相邻波长的间隔。

由导数光谱方法衍生出了一些其他方法，如高阶导数方法、对数导数方法、高阶对数导数方法等。在作物光谱分析中，导数光谱能够方便地用来确定光谱曲线弯曲点、最大和最小反射率处的波长位置等光谱特征；在光谱变化区域，如植被光谱蓝边、黄边和红边等，导数光谱能够消除土壤背景的干扰；导数光谱对光谱信噪比非常敏感，一般只在光谱曲线变化区域才能够应用，如近红外反射平台是非常重要的植被特征，但进行一阶导数处理后，该光谱范围的植被信息丢失，只留下噪声信息。鉴于导数光谱的上述误差特征，利用导数光谱技术来确定光谱特征位置（如红边位置等）的手段是较为合适的，将导数光谱特征直接用于提取目标特征参数时应在恰当滤波去噪的基础上小心慎用。研究表明，在一些情况下，作物受感染程度与可见光反射率一阶导数的相关性比原始反射率要高，在病情诊断和监测方面效果较好。

4. 光谱吸收与反射特征分析方法

利用光谱吸收与反射特征也能够很好地反演作物生化组分，该方法已得到广泛应用。Kokaly 等（1999）通过对光谱进行去包络线处理，得到光谱吸收特征的归一化吸收深度，利用 1730nm、2100nm 及 2300nm 的吸收深度成功地用回归方法对叶片氮、木质素、纤维素进行了估测。但 Kokaly 等（1999）测量光谱是将野外光谱带回室内测量的，对于野外测量的光谱，利用 1730nm、2100nm 及 2300nm 三个吸收特征，特别是 2100nm 和 2300nm 的吸收特征由于水汽吸收而消失。牛铮等（2000）研究了叶片叶绿素等化学组分的光谱特征，并建立了相关光谱特征模型。王纪华等（2008）在室内条件下测定叶片光谱反射率，利用 1450nm 水汽吸收特征的吸收深度、吸收面积及非对称度，对叶片相对含水量进行了分析。

吸收特征是作物叶片组织结构、色素含量、水分和蛋白质中各种基团对反射光谱响应的重要特征（黄文江，2009）。作物反射光谱吸收特征参数包括：吸收波段波长位置（P），吸收谷深度（H）、宽度（W）、对称度（S），吸收特征斜率（K），吸收谷整体面积（A）和光谱绝对反射值。吸收波段波长位置（P）是吸收谷范围内波段最小值处对应的波长；吸收谷深度（H）是色素或化学基团在某波长上的反射率值与邻近波段反射率值的差异程度；吸收谷宽度（W）定义为吸收谷深度一半处的宽度；吸收谷对称度 $S = A_1 / A$，其中 A_1 为吸收谷左半侧面积，A 为吸收谷整体面积；吸收谷整体面积（A）为宽度和深度的综合参数；吸收特征斜率（K）定义为

$$K = \tan^{-1}\left[\left(R_e - R_s\right) - \left(\lambda_e - \lambda_s\right)\right] \tag{3-10}$$

式中，R_e、R_s 分别为吸收终点和吸收始点处的反射率值；λ_e、λ_s 分别为吸收终点和吸收始点处的波长。

测定实际反射光谱吸收特征的 P、H、W、S 和 A 参数，可采用 Clark 等（1984）提出的连续统去除法（类似于去包络线法）对原始光谱曲线作归一化处理。连续统定义为：逐点直线连接那些光谱曲线上凸出的"峰"值点，并使折线在"峰"值点上的外角大于 180°。该方法实质就是用实际波段值除以连续统上相应波段值，用连续统去除法归一化后，那些"峰"值点上的相对值均为 1，非"峰"值点处均小于 1，更容易根据定义测定 P、H、W、S 和 A 参数值。

5. 光谱特征位置分析与提取方法

光谱特征位置是指在光谱曲线上具有一定特征的点（最高点、最低点、拐点等）的波长。其中，最常用的是红边效应和光谱吸收特征分析技术。植被体内色素、水分和其他干物质的光谱吸收，在可见光-近红外波段形成了蓝边、黄边、红边等特征光谱变化区域，这些光谱特征区域是植被区别于地物的特有性质。因此，利用蓝边、黄边、红边等光谱位置/波长，能够反演植物生理生化参数。其中研究和应用最多的是红边位置，通常位于 680～750nm。红边位置随叶绿素含量、生物量、叶片内部结构参数的变化而变化。当植物由于感染病虫害、污染或物候变化而"失绿"时，"红边"会向蓝光方向移动（称蓝移）；当植被生物量、色素含量高，生长旺盛时，红边会向长波方向移动（称红移）。

由反射光谱的一阶导数很容易确定"红边"位置 λ_p，即"红边"范围内一阶导数取最大值时所对应的波长位置。此外，利用倒高斯函数可以模拟红边并计算红边参数，该方法已得到了广泛应用，而植物反射光谱"红边"可用一条倒高斯函数拟合（IG 模型）（黄文江，2009），倒高斯函数表达式为

$$R(\lambda) = R_S - (R_S - R_0)\exp\left(\frac{-(\lambda_0 - \lambda)^2}{2\sigma^2}\right) \tag{3-11}$$

式中，R_S 为近红外区域反射（最大）值；R_0 为红光区域叶绿素强吸收最小反射率值；λ_0 为 R_0 处对应的波长；σ 为高斯函数标准差系数。$R_P = R_0 + \sigma$ 为模拟的红边位置。

各种环境胁迫（如缺氮、干旱、病虫害等）均会使作物的反射特性发生改变，从而改变红边位置。由于采用了 IG 模型拟合"红边"，进而解算红边参数，因此当没有高光谱数据（如只有 670～800nm 范围内几个非连续的波段数据）时，也可采用 IG 模型拟合出红边，并提取相应红边参数，红边参数包括红遍位置、红边峰值、红边振幅、最小振幅、红边面积、红边宽度等。

为了更好地提取植物的有效信息，根据光谱特征位置参数及红边参数，国内外学者纷纷构建了一系列光谱数据特征参数，包括从一阶微分光谱提取的基于高

光谱位置变量、面积变量和植被指数变量三种类型，从植物光谱的角度而言，包括蓝边光学参数、红边光学参数和近红外平台参数（黄文江，2009）。

3.2.2 主成分分析方法

主成分分析（principal component analysis, PCA）是在均方误差最小情况下的最佳正交线性变换，是建立在统计特征基础上的线性变换，从而将多个指标简化为少数几个综合指标的一种统计分析方法（林文鹏等，2010）。PCA 技术对波段间高度相关的数据非常有效，已经被广泛应用于不同的植被遥感项目，包括宽波段多光谱数据和窄波段高光谱数据。由于高光谱数据波段间的高相关性、高冗余度，直接利用所有的原始波段进行分类或特征提取时，需要耗费大量的时间和精力。因此，先对原始数据做 PCA 变换，然后对少数几个综合指标（成分）分析将会得到事半功倍的效果。对高维数据系统进行降维处理的核心思想，就是省去变异不大的变量方向。高光谱数据往往有几百个甚至上千个波段，数据维数对应就有几百甚至上千，显然对其进行 PCA 处理，寻找可以反映观测目标的少数几个综合变量，即通常所说的主成分光谱变量是很有必要的。

主成分定义为，记 X 是一个有 n 个样本点和 p 个变量的数据表。

$$X = \left(x_{ij}\right)_{n \times p} = \begin{bmatrix} e_1' \\ e_2' \\ \vdots \\ e_n' \end{bmatrix} \times \left[x_1, x_2, \cdots, x_p \right] \qquad (3\text{-}12)$$

式中，样本点 $e_i = (x_{i1}, x_{i2}, \cdots, x_{ip})' \in \mathbf{R}^p$；变量 $x_j = (x_{1j}, x_{2j}, \cdots, x_{nj})' \in \mathbf{R}^n$。

为推导方便，设该数据表是标准化的 [即 $E(x_j) = 0, \mathrm{Var}(x_j) = 1$]。现要求一个综合变量 F_1，F_1 是 $x_1, x_2, \cdots, x_p$ 的线性组合，即 $F_1 = Xa_1, \|a_1\| = 1$。

要使 F_1 能携带最多的原始变异信息，即要求 F_1 的方差取得最大值。F_1 的方差为

$$\mathrm{Var}(F_1) = \frac{1}{n}\|F_1\|^2 = \frac{1}{n} a_1' X' X a_1 = a_1' V a_1 \qquad (3\text{-}13)$$

式中，记 $V = \dfrac{1}{n} X'X$ 是 X 数据表的协方差矩阵。当 X 中的变量均为标准化变量时，V 就是 X 的相关系数矩阵。

把上面的问题写成数学表达式，即求最优化问题 $\max\limits_{\|a_1\|=1} a_1' V a_1$。

采用拉格朗日（Lagrange）算法求解，记 λ_1 是拉格朗日系数，令

$$L = a_1' V a_1 - \lambda_1 (a_1' a_1 - 1) \qquad (3\text{-}14)$$

对 L 分别求关于 a_1 和 λ_1 的偏导，并令其为零，有

$$\frac{\partial L}{\partial a_1} = 2Va_1 - 2\lambda_1 a_1 = 0 \tag{3-15}$$

$$\frac{\partial L}{\partial \lambda_1} = -(a_1'a_1 - 1) = 0 \tag{3-16}$$

得

$$Va_1 = \lambda_1 a_1 \tag{3-17}$$

由此可知，a_1 是 V 的一个标准化特征向量，它所对应的特征值是 λ_1。而根据目标函数有

$$\mathrm{Var}(F_1) = a_1'Va_1 = a_1'(\lambda_1 a_1) = \lambda_1 a_1'a_1 = \lambda_1 \tag{3-18}$$

所以，a_1 所对应的特征值 λ_1 应该取得最大值，即所求的 a_1 是矩阵 V 的最大特征值 λ_1 所对应的标准化特征向量。a_1 被称为第一主轴，$F_1 = Xa_1$ 被称为第一主成分。

第二主轴 a_2 与 a_1 标准正交（$a_2'a_1 = 0, \|a_2\| = 1$），并且仅次于第一主成分 F_1，第二主成分 $F_2 = Xa_2$ 是携带变异信息第二大的成分。F_2 的方差为

$$\mathrm{Var}(F_2) = \frac{1}{n}\|F_2\|^2 = \frac{1}{n}a_2'X'Xa_2 = a_2'Va_2 \tag{3-19}$$

写成优化问题，即

$$\max\ a_2'Va_2 \quad \text{s.t.}\ a_2'a_1 = 0, a_2'Va_2 = 1$$

类似于求 F_1 的过程，定义拉格朗日函数为

$$L = a_2'Va_2 - \lambda_2(a_2'a_2 - 1) \tag{3-20}$$

求 L 关于 a_2 与 λ_2 的偏导，并令其为零，得 $Va_2 = \lambda_2 a_2, a_2'a_2 = 1$，$a_2$ 是矩阵 V 的标准化特征向量，它所对应的特征根是 λ_2，而 $\lambda_2 = a_2'Va_2 = \mathrm{Var}(F_2)$。

由于有约束 $a_2'a_2 = 0$，因此，这时 λ_2 只能是矩阵 V 的第二大特征值，a_2 是对应于 V 第二大特征值的标准化特征向量。

由此类推，可求得 X 数据表的第 h 主轴 a_h，它是协方差矩阵 V 的第 h 个特征值 λ_h 所对应的标准化特征向量。而第 h 主成分 F_h 为 $F_h = Xa_h$，由

$$\mathrm{Var}(F_h) = \frac{1}{n}a_h'X'Xa_h = a_h'Va_h = a_h'(\lambda_h a_h) \tag{3-21}$$

可得 $\mathrm{Var}(F_1) \geqslant \mathrm{Var}(F_2) \geqslant \cdots \geqslant \mathrm{Var}(F_m)$。

所以，用数据变异大小来反映数据中的信息，则第一主成分 F_1 携带的信息量

最大，F_2 次之……如果抽取了 m 个主成分，这 m 个主成分所携带的信息的总和为

$$\sum_{h=1}^{m} \mathrm{Var}(F_h) = \sum_{h=1}^{m} \lambda_h \tag{3-22}$$

归纳上述分析可以看出，主成分分析的计算步骤如下。

（1）对数据进行标准化处理。

$$\tilde{x}_{ij} = \frac{x_{ij} - \overline{x}_j}{s_j}, \quad i = 1, 2, \cdots, n; j = 1, 2, \cdots, n \tag{3-23}$$

式中，$\overline{x}_j$ 是 x_j 的样本均值；s_j 是 x_j 的样本标准差。

（2）计算标准化数据矩阵 X 的协方差矩阵 V，这时 V 又是 X 的相关系数矩阵。

（3）求 V 的前 m 个特征值 $\lambda_1 \geqslant \lambda_2 \geqslant \cdots \geqslant \lambda_m$，以及对应的特征向量 $a_1, a_2, \cdots, a_m$，要求它们是标准正交的。

（4）求第 h 主成分 F_h，有

$$F_h = X a_h = \sum_{j=1}^{p} a_{hj} x_j \tag{3-24}$$

式中，a_{hj} 是主轴 a_h 的第 j 个分量。所以，主成分 F_h 是原变量 $x_1, x_2, \cdots, x_p$ 的线性组合，组合系数恰好为 a_{hj}。从这个角度，又可以说 F_h 是一个新的综合变量。

3.2.3　小波分析法

小波变换类似于傅里叶分析，将一般的函数（信号）表示为规范正交小波基（其中每个基函数对应各自不同的频率）的线性叠加，从而将对原来的函数（在时域或空域里）的研究转化为对这个叠加的权系数，即小波变换的研究。小波分析的权系数是频率和时间的二元函数，小波变换定义为

$$W_f(ab) = (f, \psi_{ab}) = \int_{-\infty}^{+\infty} f(\lambda) \frac{1}{\sqrt{a}} \psi\left(\frac{\lambda - b}{a}\right) \mathrm{d}\lambda \tag{3-25}$$

式中，$\psi_{ab} = \dfrac{1}{\sqrt{a}} \psi\left(\dfrac{\lambda - b}{a}\right)$ 是小波基，它由某一小波函数通过平移和伸缩获得。

对式（3-25）进行离散化，即得对函数 $f(t)$ 离散化的小波变换。类似于傅里叶变换，小波变换离散化后即变成按离散的正交小波基展开的小波系数。通常，小波系数的公式为

$$W_{j,k} = (f(\lambda), \phi_{j,k}(\lambda)) \tag{3-26}$$

式中，$\phi_{j,k}(\lambda)$ 是离散的正交小波基。通常采用二进制离散小波变换：

$$\phi_{j,k}(\lambda) = 2^{\frac{-j}{2}} \phi_{j,k}(2^{-j}\lambda^{-k}) \qquad (3\text{-}27)$$

它可由小波函数 $\phi_{j,k}(\lambda)$ 通过二进小波（ $a = 1/2^j$ ， $b = k/2^j$ ）的二进位移获得。

小波变换可对信号进行时间域和频率域的转化，并遵循能量守恒公式：

$$\int_{-\infty}^{+\infty} |f(t)|^2 \mathrm{d}t = \int_0^{+\infty} \int_{-\infty}^{+\infty} W_f(a,b)\frac{\mathrm{d}a\mathrm{d}b}{a^2} \qquad (3\text{-}28)$$

显然，

$$E(a,b) = \frac{W_f(a,b)W_f'(a,b)}{a^2} = \frac{1}{a^2}|W_f(a,b)|^2 \qquad (3\text{-}29)$$

代表一种能力分布，其物理意义是信号在频率区间 $(a,a+\mathrm{d}a)$ 的位置（时间）区间 $(b,b+\mathrm{d}b)$ 内所包含的平均能量为 $E(a,b)\mathrm{d}a\mathrm{d}b$ ，此即我们定义的局域小波能谱。

在整个时间域上，平均的小波能谱在各种尺度上的分布为

$$W_f^2(a) = \frac{1}{C_\phi} \int_{S_2}^{S_1} \frac{|W_f(a,b)|^2}{a^2} \mathrm{d}a \qquad (3\text{-}30)$$

式中， C_ϕ 为常数。

对于二进离散小波变换，第 j 尺度的信号能量可记为

$$F_j = \sqrt{\frac{1}{K}\sum_{k=1}^{K} W_{i,k}^2} \qquad (3\text{-}31)$$

利用小波变换对高光谱数据进行信号分解，并结合小波信号能量在各尺度上的分布，可实现对高光谱数据维数的压缩。一维多层次小波变换过程如下：原始信号通过两个互补对称滤波器，被分解为高频和低频两部分，然后用同样的处理过程对信号的低频部分进行分解，经过多层分解可以将原始信号分解为多个信号。其中低频信号反映信号的总体特征，而高频信号反映信号的细节特征。计算各个节点号的能量，可获得原始信号经小波变换后的能量特征向量，该向量对原始信号的能量进行分解，反映原始信号在不同尺度的能量分布。

3.2.4　神经网络法

人工神经网络是根据人的认识过程而开发的一种算法，是人脑的一种仿真模型，仅仅是试图仿制脑功能（黄文江，2009）。简单地说，就是现在只有一些输入和相应的输出，而对如何由输入得到输出的机理并不清楚，那么我们可以把输入和输出之间的未知过程看成是一个"网络"，通过不断地调节各个节点之间的权值

来满足由输入得到输出。这样，等训练结束后，我们给定一个输入，网络便会根据自己已调节好的权值计算出一个输出，这就是神经网络的基本原理。神经网络一般都有多层，分为输入层、输出层和隐含层，层数越多，计算结果越精确，但需要的时间也就越长，所以实际应用中常根据要求设计网络层数。

神经网络中一个节点叫作一个人工神经元，它对应于人脑中的神经元，神经元模型按照某种拓扑结构相连接后构成神经网络。从本质上来说，神经网络是一类巨型非线性动力系统，功能强大的计算产生于它潜在的动力学演化过程，在神经网络与外界环境的相互作用过程中，神经网络逐步调整自己以适应环境，这种调整源于神经网络的自学能力，表现在网络结构参数的变化上，不同的单元计算特性（神经元类型）、单元间的连接方式（网络结构）和连接强度调节的规律（学习算法）形成了不同的人工神经网络模型。目前，在应用和研究中提出和使用的至少有三十多种不同的神经网络，下面重点介绍本书中所用到的神经网络模型。

1. BP 神经网络模型

反向传播（back propagation，BP）神经网络是一种单向传播的多层前向网络，它具有三层或三层以上的神经网络，包括输入层、隐含层和输出层。上下层之间实现全连接，而每层神经元之间无连接。BP 神经网络算法的基本思想是给网络赋予初始权值和阈值，前向计算网络的输出，根据实际输出与期望输出之间的误差，反向修改网络的权值和阈值，如此反复进行训练使误差达到最小。

BP 神经网络算法的具体步骤如下：假设一个三层前向网络，有 N 个输入单元、M 个输出单元，隐含层中的单元数为 L 个，神经元的激活函数为 Sigmoid 函数，训练样本有 P 个。

BP 神经网络的输入向量为

$$X_p = (x_{p1}, x_{p2}, \cdots, x_{pN})^{\mathrm{T}}, \quad p = 1, 2, \cdots, P \tag{3-32}$$

BP 神经网络的输出向量为

$$Y_p = (y_{p1}, y_{p2}, \cdots, y_{pM})^{\mathrm{T}}, \quad p = 1, 2, \cdots, P \tag{3-33}$$

BP 神经网络的期望输出向量为

$$\hat{Y}_p = (\hat{y}_{p1}, \hat{y}_{p2}, \cdots, \hat{y}_{pM})^{\mathrm{T}}, \quad p = 1, 2, \cdots, P \tag{3-34}$$

BP 神经网络的输出误差为

$$E = \sum_{p=1}^{p} E_p, E = \frac{1}{2} \sum_{j=1}^{M} (y_{pj} - \hat{y}_{pj})^2, \quad p = 1, 2, \cdots, P \tag{3-35}$$

BP 神经网络算法需要通过修正权值 w_{jl}（假设阈值为零）使 E 达到最小。对

于网络中某层的第 j 个神经元 u_j，其当前权值和为 $\text{Net}_{pj} = \sum_{i=1}^{j} w_{jl} o_{pi}$，其中 o_{pi} 为上一层的输出。

神经元 u_j 的输出为 $o_{pj} = f(\text{Net}_{pj})$，当 u_j 作为新的输入单元时，$o_{pj} = x_{pj}$。则神经元 u_j 权值的修订方式为

$$\Delta_p w_{ji} = \eta \delta_{pj} o_{pj} \tag{3-36}$$

其中，输出层为

$$\delta_{pj} = (\hat{y}_{pj} - y_{pj}) f_j'(\text{Net}_{pj}) \tag{3-37}$$

隐含层为

$$o_{pj} = f_j'(\text{Net}_{pj}) \sum_{k=1}^{M} \delta_{pk} w_{kj} \tag{3-38}$$

参数 η 为学习率（即迭代步长）。

BP 神经网络算法实际上是将输入信息沿网络正向传播，将误差信号沿网络后向传播，并修正权值，从而可对多层前向神经网络由训练样本学习输入输出映射，它使用了优化中最简单的梯度法来修正权值以实现输入空间到输出空间的非线性变换。但此问题是一个非线性优化问题，因此存在局部最小极值，在实际应用中常常有一些方法来使系统跳出误差较大的局部极小点。

2. 径向基函数神经网络模型

径向基函数（radial basis function, RBF）神经网络与 BP 神经网络类似，有输入层、隐含层和输出层三层。第一层为输入层，它输入信号节点；第二层为隐含层，由一组节点组成，每个节点有一个参数，称为中心，节点计算网络输入向量与中心之间的欧氏距离，然后通过一个非线性函数产生该节点的输出；第三层为输出层，它将隐含层各节点的输出进行线性组合。

RBF 神经网络的输入-输出响应为 $f: R^p - R^m$，即

$$f_i(x) = \sum_{j=1}^{h} w_{ji} \phi(\|x - c_j\|, \sigma_j), \quad 1 \leqslant i \leqslant m \tag{3-39}$$

式中，$x = [x_1, x_2, \cdots, x_p]^T \in R_p$ 为输入向量；$\phi(\cdot)$ 为径向基函数，一般取为非线性函数；$\|\|$ 表示范数，通常取为欧几里得（Euclidean）范数；$c_j = [c_{1j}, c_{2j}, \cdots, c_{pj}]^T \in R_p$ 为 RBF 的中心；σ_j 为 $\phi(\cdot)$ 的宽度；w_{ji} 为第 j 个基函数输出与第 i 个输出节点的连接权值；h 为隐含层节点的数量，输出层有 m 个节点；$f_i(x)$ 为网络的第 i 个输出量。径向基函数 $\phi(\cdot)$ 可选择下列非线性函数。

高斯函数（Gaussian function）：

$$\phi(v) = \exp\left(-\frac{v^2}{\sigma^2}\right) \tag{3-40}$$

或

$$\phi(v) = \exp\left(-\frac{v^2}{2\sigma^2}\right) \tag{3-41}$$

薄板样条函数（thin-plate-spline function）：

$$\phi(v) = v^2 \log(v) \tag{3-42}$$

多二次函数（multiple quadratic function）：

$$\phi(v) = (v^2 + \sigma^2)^2 \tag{3-43}$$

逆多二次函数（inverse multiple quadratic function）：

$$\phi(v) = (v^2 + \sigma^2)^{\frac{1}{2}} \tag{3-44}$$

高斯函数是最常用的径向基函数，式（3-39）中高斯函数的自变量表示的是一个超圆球（当输入向量为二维时，则为圆），式（3-40）中高斯函数的自变量表示的是一个超椭圆球（当输入向量为二维时，则为椭圆）。

构成 RBF 神经网络的基本思想是用 RBF 作为隐含层单元的"基"构成隐含层空间，这样就可以将输入向量直接（即不通过连接权值）映射到隐含层空间。当 RBF 的中心确定以后，这种映射关系即确定。而隐含层空间到输出层空间的映射是线性的，即网络输出是隐含层单元输出的线性加权和，此处的权即为网络可调参数。可见，从总体上看，网络由输入到输出的映射是非线性的，而网络输出对可调参数而言却又是线性的。这样，网络的权就可以由线性方程组直接解出或用递推最小二乘算法递推计算，从而大大加快了学习速度并可以避免局部极小问题。

3. 概率神经网络模型

概率神经网络（probabilistic neural network, PNN）模型是一种由 RBF 神经元和竞争神经元共同组合的新型神经网络，它具有结构简单、训练快捷等特点，应用非常广泛，特别适合于解决模式分类问题。在模式分类中，它的优势在于可以利用线性学习算法来完成以往非线性算法所做的工作，同时又可以保持非线性算法高精度的特性。

一个 PNN 由三层神经元组成，即输入层、径向基层和竞争层。第一层采用输入层，对应于病虫害胁迫响应敏感波段的光谱或经各种方法提取的新的光谱变量；

第二层采用 RBF 神经元，该网络的隐含层神经元个数与输入样本向量的个数相同；第三层采用竞争层，也就是该网络的输出层，其神经元个数等于训练样本数据中需要进行分类的病虫害类别数。PNN 分类时，首先为网络提供一种输入模式向量，径向基层计算该输入向量同样本输入向量之间的距离 $\|dist\|$，该层的输出为一个距离向量。竞争层距离向量为输入向量，计算每个模式出现的概率，若输出为 1，表明这是一类模式；否则输出 0，作为其他模式。

4. LVQ 模型

学习向量量化（learning vector quantization, LVQ）模型是在有教师状态下对竞争层进行训练的一种学习算法，它是从 Kohonen 竞争算法演化而来的。LVQ 具有网络结构简单，输入向量不需要进行归一化、正交化等优点，因而在模式识别和优化领域被广泛应用。一个 LVQ 神经网络由三层神经元组成，即输入层、隐含层和输出层。该网络在输入层与隐含层间为完全连接，而在隐含层与输出层间为部分连接，隐含神经元（又称 Kohonen 神经元）和输出神经元都具有二进制输出值。当某个模式被送至网络时，对隐含神经元指定的参考向量最接近输入模式的隐含神经元时，因其获得激发而赢得竞争，因而允许它产生一个"1"，其他隐含神经元都被迫产生"0"。产生"1"的输出神经元给出输入模式的分类，每个输出神经元被表示为不同的类。

5. 支持向量机模型

支持向量机（support vector machine, SVM）模型是数据挖掘中的一个新方法，能非常成功地处理回归（时间序列分析）和模式识别（分类问题、判别分析）等诸多问题，并可推广于预测和综合评价等领域，因此可应用于理科、工科和管理等多种学科。SVM 的理论基础是统计学习理论，它是对结构风险最小化归纳原则（structural risk minimization inductive principle）的一种实现。

统计学习理论（statistical learning theory, SLT）是研究小样本统计和预测的理论。主要内容包括四方面：经验风险最小化标准统计学习的一致性条件；在这些条件下统计学习方法推广性的界的结论；在这些界的基础上建立的小样本归纳推理准则；实现新的准则的实际算法。

SVM 与 BP 神经网络类似，都是学习型的机制，但它是以统计学理论为基础的，因而具有严格的理论和数学基础，可以不像 BP 神经网络的结构设计需要依赖于设计者的经验知识和先验知识。与 BP 神经网络的学习方法相比，SVM 具有以下特点：SVM 是基于结构风险最小化原则，保证学习机器具有良好的泛化能力；解决了算法复杂度与输入向量密切相关的问题；通过引用核函数，将输入空间中的非线性问题映射到高维特征空间中，在高维特征空间中构造线性函数判别。

3.2.5　聚类分析法

聚类分析是研究物以类聚的一种统计分析方法，用于对事物类别尚不清楚，甚至事物总共有几类都不能确定的情况下进行事物分类的场合。聚类分析实质上是寻找一种能客观反映元素之间亲疏关系的统计量，然后根据这种统计量把元素分成若干类。常用的聚类统计量有距离系数或相似系数两类，前者一般用于对样品分类，而相似系数一般用于对变量聚类。距离的定义很多，如极端距离、闵可夫斯基距离、欧氏距离、切比雪夫距离等；相似系数有相关系数、夹角余弦、列联系数等。

系统聚类法是目前用得最多的一种方法，首先将 n 个元素（样品或变量）看成 n 类，然后将性质最接近（或相似程度最大）的两类合并为一个新类，得到 n-1 类。再从中找出最接近的两类加以合并，变成 n-2 类。如此下去，最后所有的元素聚在较少的几个类别之中。常用的系统聚类法有以下几种：最短距离法、最长距离法、中间距离法、重心法、类平均法、可变类平均法和离差平方和法等。

1. 最短距离法

定义类 G_K 与类 G_L 之间的距离为两类最近样品间的距离，即

$$D_{KL} = \min_{i \in G_K, j \in G_L} d_{i,j} \tag{3-45}$$

称这种方法为最短距离法。

2. 重心法

定义类 G_K 与类 G_L 之间的距离为它们的重心之间的欧氏距离。设类 G_K 和类 G_L 的重心分别为 $\bar{X}_K$ 和 $\bar{X}_L$，则这两类之间的平方距离为

$$D_{KL}^2 = d_{X_K X_L}^2 = (\bar{X}_K - \bar{X}_L)(\bar{X}_K - \bar{X}_L) \tag{3-46}$$

3. 离差平方和法（Ward 方法）

类中各样品到类重心的平方欧氏距离之和称为离差平方和。设类 G_K 和类 G_L 的重心合并成新类 G_M，则它们的离差平方和分别为

$$W_K = \sum_{i \in G_K} (X_i - \bar{X}_K)(X_i - \bar{X}_K) \tag{3-47}$$

$$W_L = \sum_{i \in G_L} (X_i - \bar{X}_L)(X_i - \bar{X}_L) \qquad (3\text{-}48)$$

$$W_M = \sum_{i \in G_M} (X_i - \bar{X}_M)(X_i - \bar{X}_M) \qquad (3\text{-}49)$$

它们反映了各自类内样品的分散程度。如果类 G_K 和类 G_L 相距较近，则合并后所增加的离差平方和 $(W_M - W_K - W_L)$ 应较小；否则应较大。于是我们定义类 G_K 和类 G_L 之间的平方距离为

$$D_{KL}^2 = W_M - W_K - W_L \qquad (3\text{-}50)$$

离差平方和法在许多场合下优于重心法，是比较好的一种系统聚类法。

3.2.6　偏最小二乘回归法

偏最小二乘回归（partial least-squares regression, PLS）法是一种先进的多元分析方法，它集多元线性回归分析、主成分分析和典型相关分析的基本功能为一体，主要用来解决多元回归分析中的变量多重相关性或解释变量多于样本点等实际问题，特别是当自变量集合内部存在较高程度的相关性时，其结论比普通多元回归更加可靠。

由实验数据进行分析和建模时，常用的方法有采用最小二乘回归拟合建立显式模型，或采用人工神经网络进行学习训练建立隐式模型。这些方法各自存在一些缺点，经典的最小二乘回归拟合方法难以克服变量的多重相关性，而人工神经网络对模型的解释性差，此外这些方法都不具备变量筛选功能，而偏最小二乘回归法可以进行变量筛选，有效地克服变量间的多重相关性，建立较为理想的多元回归模型并对变量具有较好的解释性。

1. 偏最小二乘回归定义

偏最小二乘回归法不直接考虑因变量和自变量的回归建模，它利用成分提取的思想对变量系统中的信息重新进行综合筛选，从中选取对系统具有最佳解释能力的新综合变量，建立新变量与因变量的回归关系，最后再表达成原变量的回归方程。

假定有 q 个因变量 $\{y_1, y_2, \cdots, y_q\}$ 和 p 个自变量 $\{x_1, x_2, \cdots, x_q\}$，在观测 n 个样本点后，构成自变量和因变量数据表 XY，偏最小二乘回归分别在 X 和 Y 中提取成分 t_1 和 u_1（t_1 是 $x_1, x_2, \cdots, x_p$ 的线性组合；u_1 是 $y_1, y_2, \cdots, y_p$ 的线性组合）。在提取这两个成分时，t_1 和 u_1 必须满足以下两个条件：t_1 和 u_1 应尽可能携带各自数据表中的变异信息；t_1 和 u_1 相关程度达到最大。

如果上述条件得到满足，那么 t_1 和 u_1 就最大可能地包含了数据表 X 和 Y 的信息，同时自变量的成分 t_1 对因变量的成分 u_1 又具有最强的解释能力。

在第一个成分 t_1 和 u_1 被提取后，偏最小二乘回归分别实施 X 对 t_1 的回归及 Y 对 u_1 的回归，如果回归方程满足预设精度，则算法停止；否则将利用 X 被 t_1 解释后的残余信息及 Y 被 u_1 解释后的残余信息进行第二轮的成分提取，如此反复，直到精度满足要求为止。若最终对 X 共提取了 m 个成分 $t_1, t_2, \cdots, t_m$，偏最小二乘回归将通过实现 $y_k(k=1,2,\cdots,q)$ 对 $t_1, t_2, \cdots, t_m$ 的回归，然后表达成 y_k 关于 $x_1, x_2, \cdots, x_q$ 的回归方程。

2. 偏最小二乘回归分析公式

设 $E_0(n \times p)$ 为标准化的自变量数据矩阵，$F_0(n \times 1)$ 为对应的因变量向量，则成分 t_i 的计算公式为

$$t_i = E_{i-1} W_i \qquad (3\text{-}51)$$

式中，W_i 是矩阵 $E_{i-1}^{\mathrm{T}} F_0 F_0^{\mathrm{T}} E_{i-1}$ 最大特征值所对应的特征向量，计算公式为 $W_i = \dfrac{E_{i-1}^{\mathrm{T}} F_0}{\left\| E_{i-1}^{\mathrm{T}} F_0 \right\|}$，T 代表转置矩阵；$E_{i-1}$ 是自变量阵 E_{i-2} 对成分 t_{i-1} 回归得到的残差阵，表达式为 $E_i = E_{i-1} - t_i p_i^{\mathrm{T}}$，而 $p_i = \dfrac{E_{i-1}^{\mathrm{T}} t_i}{\left\| t_i \right\|^2}$。

具体选取几个成分，可用交叉有效性确定，当增加新的成分对减少方程的预测误差没有明显的改善作用时，就停止提取新的成分。假如共有 k 个成分入选，建立回归方程，得

$$\hat{F}_0 = r_1 t_1 + r_2 t_2 + \cdots + r_k t_k \qquad (3\text{-}52)$$

由于 t_i 均是 E_0 的线性组合，所以 $\hat{F}_0$ 可以写成 E_0 的线性表达形式：

$$\hat{F}_0 = E_0 \beta \qquad (3\text{-}53)$$

式中，$\beta = \sum\limits_{i=1}^{k} r_i W_i^*$，$r_i = \dfrac{F_0^{\mathrm{T}} t^i}{\left\| t_i \right\|^2}$，$W_i^* = \prod\limits_{j=1}^{i-1} (I - W_j P_j^{\mathrm{T}}) W_i$，$I$ 为单位阵。

最后根据标准化的逆运算，可以变换成因变量 Y 对原始自变量 X 的回归方程。

3. 偏最小二乘回归法的交叉验证

偏最小二乘回归法与其他建模方法一样，当增加成分个数时，会降低误差，

同时提高模型的预测精度，当成分过多时，又会发生过拟合现象，使得预测误差增加，因此确定抽出成分个数是偏最小二乘回归法的关键之一。

在偏最小二乘回归法中最佳成分个数的确定一般采用交叉验证（cross validation）法，通过增加一个新的成分后能否对模型的预测功能有明显的改进来确定。首先使用全部样本点并提取前 h 个偏最小二乘成分进行回归建模，并设 $\hat{y}_{hi}$ 为第 i 个样本点利用该模型计算的对应于原始数据 y_i 的拟合值。则因变量 y 的误差平方和 $S_{\mathrm{ss},h}$ 为

$$S_{\mathrm{ss},h} = \sum_{i=1}^{n}(y_i - \hat{y}_{hi})^2 \qquad (3\text{-}54)$$

然后删去样本点 i 并提取前 h 个偏最小二乘成分进行回归建模，$\hat{y}_{h(-i)}$ 为用此模型计算的 y_i 的拟合值。则因变量 y 的预测残差平方和（prediction residual sum of squares, PRESS）$S_{\mathrm{PRESS},h}$ 为

$$S_{\mathrm{PRESS},h} = \sum_{i=1}^{n}(y_i - \hat{y}_{h-1})^2 \qquad (3\text{-}55)$$

成分的增加带来了样本点的扰动误差，如果回归方程的稳健性不好，则它对样本点的变动就非常敏感，这种扰动误差就会加大因变量 y 的预测误差平方和值。如果 h 个成分回归方程的扰动误差能在一定程度上小于 $h-1$ 个成分回归方程的拟合误差，则认为增加 1 个成分 t_h，会使预测精度明显提高。因此 $\dfrac{S_{\mathrm{PRESS},h}}{S_{\mathrm{ss},h-1}}$ 的比值越小越好。对于因变量 y，定义成分 t_h 的交叉有效性为

$$Q_h^2 = 1 - \frac{S_{\mathrm{PRESS},h}}{S_{\mathrm{ss},h-1}} \qquad (3\text{-}56)$$

当 $\sqrt{S_{\mathrm{PRESS},h}} \leqslant 0.95\sqrt{S_{\mathrm{ss},h-1}}$ 时，即当成分 t_h 的交叉有效性 $\geqslant 0.0975$，引进新的成分 t_h 会对模型的预测能力有明显作用。

3.2.7 遗传算法

遗传算法（genetic algorithm, GA）基于达尔文的进化论和孟德尔的自然遗传学说，是模拟遗传选择和自然淘汰的生物进化过程的一种随机搜索与全局优化算法。

1. GA 的基本原理

GA 首先采用某种编码方式将解空间映射到编码空间，每个编码对应问题的

一个解，称为个体或染色体，再随机确定起始的一群个体，称为种群。在后续迭代中，按照适者生存原理，根据适应度大小挑选个体，并借助各种遗传算子（genetic operator）对个体进行交叉和变异，生成代表新的解集的种群，该种群比前代更适应环境，如此进化下去直到满足优化准则。此时末代个体经过解码，可作为问题的近似最优解。

一般的 GA 由四个部分组成：编码机制、控制参数、适应度函数、遗传算子。编码机制（encoding mechanism）是 GA 的基础。GA 不是对研究对象直接进行讨论，而是通过某种编码机制把对象统一赋予由特定符号（字母）按一定顺序排成的串（string）。正如研究生物遗传，是从染色体着手，染色体则是由基因排成的串。在 GA 中，字符集由 0 与 1 组成，码为二元串。对一般的 GA，自然可不受此限制。串的集合构成总体，个体就是串。对 GA 的码可以有十分广泛的理解。在优化问题中，一个串对应于一个可能解；在分类问题中，一个串可解释为一个规则，即串的前半部为输入或前件，后半部为输出或后件、结论等。这也正是 GA 有广泛应用的重要原因。

适应度函数（fitness function）的优胜劣败是自然进化的原则。优、劣要有标准。GA 用适应度函数描述每一个体的适宜程度。对优化问题，适应度函数就是目标函数。引进适应度函数的目的在于可根据其适应度对个体进行评估比较，定出优劣程度。为方便起见，在 SGA，适应度函数的值常取为[0, 1]。

遗传算子中较重要的算子有三种：选择（selection）算子、交换（crossover）算子、突变（mutation）算子。选择算子也称复制（reproduction）算子。它的作用在于根据个体的优劣程度决定它在下一代是被淘汰还是被复制。一般地说，通过选择，将使适应度高即优良的个体有较大的存在机会，而适应度小即低劣的个体继续存在的机会也较小。有很多方式可以实现有效的选择。例如，两两对比的方式，即随机从父代抽取一对个体进行比较，较好的个体在下一代将被复制而继续存在。

2. GA 基本操作

GA 包括三个基本操作：选择、交叉和变异。选择是依据各个体的适应度值决定哪个个体被复制，常用方法有比例法（轮盘赌法）、排序法、最佳个体保存法及锦标赛选择法；交叉是把父代中两个个体的部分位串互换重组而生成新个体的操作，它在遗传算法中起核心作用，其算法有实值重组和二进制交叉；变异指以一定概率对群体中的个体串的某些基因座上的基因值做求反变动，其算法有实值变异和二进制变异。

3．GA 的一般流程

随机产生一定数目的初始种群，每个个体表示为染色体的基因编码；计算每个个体的适应度，并判断是否符合优化准则，若符合，输出最佳个体及其代表的最优解并结束计算，否则重复此步；依据适应度选择再生个体，适应度高的个体被选中的概率高，适应度低的个体可能被淘汰；执行交叉和变异操作，生成新的个体。

4．GA 的基本特点

GA 以有限的代价解决搜索和优化，其与传统搜索方法的区别主要在于，GA 直接处理问题参数的适当编码而不是参数集本身；GA 按并行方式搜索一个种群数目的点，而不是单点；GA 不需要求导或其他辅助知识，只需要适应度函数值进行判断；GA 使用概率转换规则，而非确定的转换规则指导搜索；GA 在搜索过程中不易陷入局部最优，有较好的全局优化能力。

GA 较为适合于维数很高、总体很大、环境复杂、问题结构不是十分清楚的场合，机器学习就属这类情况。一般的学习系统要求具有随时间推移逐步调整有关参数或者改变自身结构以更加适应其环境，更好完成目标的能力。由于其多样性与复杂性，通常难以建立完善的理论以指导整个学习过程，从而使传统寻优技术的应用受到限制，而这恰好能使 GA 发挥其长处。

参 考 文 献

黄文江，2009. 作物病害遥感监测机理与应用[M]. 北京: 中国农业科学技术出版社.

蒋文科，邢献芳，薛冬娟，等，2001. 作物病虫害防治地理信息系统[J]. 计算机与农业(11): 10-13.

林文鹏，王长耀，2010. 大尺度作物遥感监测方法与应用[M]. 北京: 科学出版社.

牛铮，陈永华，隋宏智，等，2000. 叶片化学组分成像光谱遥感探测机理分析[J]. 遥感学报, 4(2): 125-129.

秦其明，范闻捷，任华忠，等，2018. 农田定量遥感理论、方法与应用[M]. 北京: 科学出版社.

王纪华，赵春江，黄文江，等，2008. 农业定量遥感基础与应用[M]. 北京: 高等教育出版社.

张文英，智慧，柳斌辉，等，2011. 干旱胁迫对谷子孕穗期光合特性的影响[J]. 河北农业科学, 15(6): 7-11.

Broge N H, Leblance E, 2001. Comparing prediction power and stability of broadband and hyperspectral vegetation indices for estimation of green leaf area index and canopy chlorophy density[J]. Remote Sensing of Environment, 76(2): 156-172.

Clark R N, Roush T L, 1984. Reflectance spectroscopy quantitative analysis techniques for remote sensing application[J]. Journal of Geophysical Research, 89(7): 6329-6340.

Cowen G, Donaldd T, Yin X, 2010. Prospects for monitoring cotton crop maturity with normalized difference vegetation index[J]. Agronomy Journal, 102(5): 1352-1360.

Dash J P, Watt M S, Pearse G D, et al., 2017. Assessing very high resolution UAV imagery for monitoring forest health during a simulated disease outbreak[J]. ISPRS Journal of Photogrammetry and Remote Sensing, 131: 1-14.

Franch B, Vermote E F, Skakun S, et al., 2019. Remote sensing based yield monitoring: application to winter wheat in United States and Ukraine[J]. International Journal of Applied Earth Observation and Geoinformation, 76: 112-127.

Kokaly R F, Clark R N, 1999. Spectroscopic determination of leaf biochemistry using band-depth analysis of absorption feature and stepwise multiple linear regression[J]. Remote Sensing of Environment, 67(3): 267-287.

Liu R G, Shang R, Liu Y, et al., 2017. Global evaluation of gap-filling approaches for seasonal NDVI with considering vegetation growth trajectory, protection of key point, noise resistance and curve stability[J]. Remote Sensing of Environment, 189(2): 164-179.

Pinty B, Verstraete M M, 1992. GEMI: a non-linear index to monitor global vegetation from satellites[J]. Plant Ecology, 101: 15-20.

Qi J, Chehbouni A, Huete A R, 1994. A modified soil adjusted vegetation index[J]. Remote Sensing of Environment, 48(2): 119-126.

Ray S S, Dadhwal V K, 2001. Estimation of crop evaporate transpiration of irrigation command area using remote sensing and GIS[J]. Agricultural Water Management, 49(3): 239-249.

Roujean J L, Breon F M, 1995. Estimating PAR absorbed by vegetation from bidirectional reflectance measurement[J]. Remote Sensing of Environment, 51(3): 375-384.

Samseemoung G, Jayasuriya H P W, Soni P, 2011. Oil palm pest infestation monitoring and evaluation by helicopter-mounted, low altitude remote sensing platform[J]. Journal of Applied Remote Sensing, 5(5): 3540.

Wang R, Li H J, Lei Y P, et al., 2011. Evaluation of cropland productivity in the Hebei Plain via graded multi-year MODIS-NDVI data[J]. Chinese Journal of Eco-Agriculture, 19(5): 1175-1181.

第 4 章 作物长势遥感监测

4.1 作物长势遥感监测概述

作物长势是指作物生长发育过程中的形态,其强弱一般通过观测植株的叶面积、叶色、叶倾角、株高和茎粗等形态特征进行衡量(侯学会等,2018;汪懋华等,2012)。不同时段或不同光、温、水、气(CO_2)和土壤的生长条件下,作物的长势(生长状况)有所不同(Zhang et al.,2016;李卫国等,2006)。在农业领域,多种与作物生长紧密相关的生物参数被用于描述作物长势,如作物营养水平,包括叶绿素含量、氮素含量、作物水分含量等;植株形态参数,包括叶面积、株高、覆盖率等。对作物长势的监测可以为田间管理提供及时的信息,并为作物早期产量估算提供依据,是实现精细农业管理的基础。杨邦杰等(1999)和 Yan 等(2016)认为长势即作物的生长状况与趋势,作物的长势可以用个体和群体特征来描述,发育健壮的个体所构成的合理群体区域,才是长势良好的作物区。

传统作物长势的监测,主要根据农民在长期农业生产过程中积累的经验做出判断,依据某种营养元素缺乏或过量可能引起植物叶片和植株颜色等外观变化进行判别。例如,作物缺氮时,生长缓慢、植株呈浅绿色、叶片萎黄、干燥时呈褐色;作物缺钾时,老叶沿边缘黄化、严重时叶边缘呈灼烧状且叶脉间失绿;作物缺磷时,叶片及植株颜色变深、逐渐呈红色或紫色斑块。此外,作物缺硫、镁、铁等元素时,叶片也表现出各不相同的叶片失绿、逐渐黄化的特征。因此,传统农田作物长势的诊断主要采用外观法,包括症状观察诊断法、肥料窗口观测法和叶色卡比对法。其中,肥料窗口观测法是在作物种植区域预留窗口区域进行营养胁迫,通过对比大田和窗口区域的缺氮素症状,指导田间施肥;叶色卡比对法基于作物不同程度缺氮素的外在颜色特征与不同深度的色卡比较进行分级判别,实现半定量化的施肥指导。但由于田间作物的生长同时受多种因素的影响,基于经验进行观测的方法受观察者经验认知和评价标准差异的局限,容易出现误判或晚判,影响田间管理决策(王成瑗等,2015)。

现代化学试验手段对作物叶片、叶鞘、茎干或整个植株进行分析,可提取作物中某种营养成分的浓度,从而实现相应元素丰缺水平的判别。采用化学方法测定作物营养元素,其测定结果准确、重现性好,已成为常规的检测手段。但由于其需要采样测量，试验过程操作繁复，试剂消耗及时间消耗大，因而无法满足快速、简便、无损的田间作物长势检测的需求（汪懋华等，2012）。

随着先进传感器技术的发展，对田间作物长势信息的快速获取成为可能。光谱分析技术、遥感影像技术和数字图像处理技术等手段均被广泛应用于作物生长监测中。由于植被长势、营养等信息能够反映在光谱反射率上，因此，产生了基于光谱反射数据的植被指数，如 NDVI 一方面反映植被光合作用的有效辐射吸收情况，另一方面能够反映作物群体大小、健康程度情况，是应用最为广泛的植被指数。目前，植被指数信息的获取，特别是大范围广域信息的获取，主要还是依靠卫星遥感。对于田块内植被长势、营养等信息的获取，研究人员主要利用地物光谱仪，获取植被光谱反射曲线，从光谱反射曲线提取相应波段的反射率值以计算各类植被指数（汪懋华等，2012）。

4.2 作物长势遥感监测原理与方法

4.2.1 作物长势遥感监测原理

作物长势遥感监测主要监测作物的苗情、生长状况及其变化，要求能够及时、全面反映农情。尽管作物的生长状况受多种因素的影响，其生长过程又是一个极其复杂的生理生态过程，但其生长状况可以用一些能够反映其生长特征并且与该生长特征密切相关的因子（如叶面积指数、生物量等）进行表征（Wu et al.，2014）。其中，叶面积指数是与长势的个体特征与群体特征有关的综合指数，植物的生长依靠光合作用，叶面积指数表现出同一性，这是用叶面积指数监测长势的基础。作物的叶面积指数是决定作物光合作用速率的重要因子，叶面积指数越大，作物截获的光合有效辐射就越多，光合作用就越强。遥感影像的红波段和近红外波段的反射率及其组合与作物的叶面积指数、太阳光合有效辐射、生物量具有较好的相关性，其中，NDVI 在作物生长的一定阶段与叶面积指数呈明显的正相关关系。在农作物长势监测中，NDVI 常被作为能够反映作物生长状况的植被参数指标（Busetto et al.，2008）。作物 NDVI 的变化动态特征与作物的长势特征之间存在着一定的关联性，NDVI 值可以作为判定作物长势良莠的一种度量指标（Wu et al.，2015）。人们可以通过多年遥感资料累计，计算出常年同一时段的平均 NDVI，然后由当年该时段的 NDVI 与常年的 NDVI 进行比较，依据 NDVI 差异程度的大小，判断当年作物长势优劣（林文鹏等，2010）。

作物长势遥感监测主要包括实时遥感监测和过程遥感监测。实时遥感监测主要指利用实时 NDVI 图像值，与上一年、多年平均或指定某一年的 NDVI 对比，通过对 NDVI 差异值进行分级、统计和区域显示，反映实时作物生长差异。过程遥感监测主要是通过时序 NDVI 图像来构建作物生长过程，通过生长过程年际间的对比来反映作物生长的状况，也称为随时间变化监测。作物生长期内，通过卫星影像绿度值随时间的变化，可动态地监测作物的长势，且随着卫星资料的积累，时间变化曲线可与历年（如与历史上的高产年、平年和低产年，以及农业部门的统计数据）进行比较，寻找出当年与典型年曲线间的相似和差异，从而对当年作物长势做出评价。此外，可以统计生长过程曲线的特征参数（包括上升速率、下降速率、累计值等），借以反映作物生长趋势上的差异，从而也可得到作物单产的变化信息。

对于多光谱遥感影像，在作物生长初期，随着植株的生长，叶片的叶孔增加，叶片表面散热能力增强，近红外波段反射值逐渐增加，叶绿素吸收能力增强，红波段的反射值逐渐减少，NDVI 值逐渐增加。在作物生长末期，由于茎叶由绿色变为黄色，叶绿素含量减少，相应红波段的反射值将会增大，叶孔相对收缩，散发的热量降低，近红外波段的反射值将会减小，NDVI 值会明显下降。因此，利用近红外波段和红波段的非线性组合可以很好地反映作物的生长过程特征。如果将作物的 NDVI 值以时间为横坐标排列起来，便形成作物生长的 NDVI 动态迹线，可以较直观地反映作物从播种、出苗、抽穗到成熟生长的变化过程（江东等，2002）。作物种类不同，NDVI 曲线特征不同。同类作物不同的生长环境和发育状况也会造成 NDVI 时间曲线的波动，不仅个别时段 NDVI 值有所改变，而且曲线的整体形态也会发生变化。从某种程度上说，有时曲线的形态特征比个别时段的曲线值更能反映作物生长状况和趋势。因此，通过对农作物时序 NDVI 曲线的分析，不但可以了解实时作物的生长状况，而且能够反映作物生长的趋势（Liu et al.，2010；吴炳方等，2004）。

4.2.2　作物长势遥感监测方法

作物长势遥感监测主要是监测作物的生长状况信息，一般从两个方面来进行：一是实时作物长势遥感监测，主要是通过年际间遥感影像所反映的作物生长状况信息的对比（Dupuy et al.，2016；Mahlein et al.，2012），同时综合物候、云标识和农业气象等辅助数据来提取作物长势监测分级图，达到获取作物长势状况空间分布变化的目的；二是作物生长趋势遥感分析，主要以时序遥感影像生成作物生长过程曲线，通过比较当年与典型年曲线间的相似和差异，做出对当年作物长势的评价。

1.　实时作物长势遥感监测

在作物生长期采用 NDVI 对比的方法监测作物长势，进行两期图像的对比分析，即计算差值图像。利用每旬的最大合成 NDVI 图像与上一年同期 NDVI 图像做比较，对差值影像赋值，然后分为五个等级——差、稍差、持平、稍好、好，然后进行分级统计。实时作物长势遥感监测需要对作物生长状况进行解释和说明，除了遥感差值图像反映作物长势情况外，还应考虑地区差异和物候期变化等因素（张蕾等，2019），因此，作物长势监测图还需叠加表征物候的向量层进行综合分析。将作物生长期内的实时遥感监测指标与上一年、多年平均及指定某年的同期遥感指标进行对比，以反映实时作物生长差异的空间变化状态，同时通过年际间遥感图像的差值来反映两者间的差异，对差值进行分级，以反映不同长势等级所占的比例。

2. 作物生长趋势遥感分析

从时间系列上对作物生长状况进行趋势分析和历史累积的对比。利用多时相遥感数据，可获取作物生长发育的宏观动态变化特征。如在农作物生育期内，作物生长状况和生长条件的变化，都会造成 NDVI 时间曲线产生相应的动态变化。可以利用这一响应关系，根据 NDVI 曲线的变化特征，推测作物的生长发育状况。作物种类不同，轮作组合不同，其 NDVI 曲线具有不同的特征，同类农作物生长环境和发育状况的变化也会造成 NDVI 时间曲线的波动。因此，通过对农作物 NDVI 时间曲线的分析，可以了解作物的生长状况，进而为作物产量的计算提供依据（吴炳方等，2004）。

虽然遥感信息能够反映农作物的种类和状态，但是由于受多种因素的影响，完全依靠遥感信息还是不能准确地获得监测结果，还要利用地面监测予以补充。将地面信息与遥感监测信息进行对照，从而获得农作物长势的准确信息（张显峰等，2014）。此外，由于气象条件与农业生产关系密切，加强农业气象分析也有利于辅助解释遥感监测结果。

4.3　作物长势遥感监测模型

作物长势遥感监测模型根据功能可分为评估模型与诊断模型，评估模型又可分为逐年比较模型与等级模型（Zinne et al.，2013；杨邦杰等，1999）。

1. 逐年比较模型

以当年的苗情为基准，并与上一年同期长势相比。在逐年比较模型中，引入 ΔNDVI 作为年际作物长势比较的特征参数，定义为

$$\Delta NDVI = (NDVI_2 - NDVI_1) / \overline{NDVI} \tag{4-1}$$

式中，$NDVI_2$ 为当年旬值；$NDVI_1$ 为上一年同期值；$\overline{NDVI}$ 为多年平均值。根据 $\Delta NDVI$ 与零的关系来初步判断当年的长势与上一年相比是好还是差，或者与上一年长势相当。逐年比较模型的优点是便于各地的田间监测（王纪华等，2008）。

2. 等级模型

用当年的 NDVI 值与多年的均值比较，构建距平模型；与当地极值比较后定级，构建极值模型。

距平模型定义为

$$\Delta \overline{NDVI} = \frac{NDVI - \overline{NDVI}}{\overline{NDVI}} \qquad (4-2)$$

式中，$\Delta \overline{NDVI}$ 为 NDVI 距平值；$\overline{NDVI}$ 为多年平均值；$NDVI$ 为当年值。

极值模型定义为

$$VCI = \frac{NDVI - NDVI_{min}}{NDVI_{max} - NDVI_{min}} \qquad (4-3)$$

式中，VCI 为 NDVI 多年极值；$NDVI_{max}$、$NDVI_{min}$ 分别为同一像元多年的 NDVI 的极大值与极小值。

不管是逐年比较模型还是等级模型，在实际应用中都存在一定困难，因为获取 NDVI 的均值和极值需要多年的数据积累，但由于卫星资料存档原因，收集多年的数据较难或者缺乏对数据的处理能力，因此，也常采用相邻年份植被指数比值比较的方法进行监测（王纪华等，2008；Ma et al.，2008），即

$$\alpha = \frac{T_{NDVI}}{T_{pNDVI}} \qquad (4-4)$$

式中，α 为相邻年份植被指数比值；T_{pNDVI} 为上一年同期的植被指数；T_{NDVI} 为当年的植被指数。当 $\alpha > 1$ 时，可以初步判断当年该地区农作物生长好于上一年；当 $\alpha < 1$ 时，则表明当年的长势不及上一年；如果 $\alpha = 1$（或接近等于 1），说明当年农作物与上一年长势相当。在此基础上，还可以根据值的大小来区别当年与上一年长势水平的等级，值的大小将农作物长势分为比上一年好、比较上一年稍好、与上一年相当、比上一年稍差和比上一年差等 5 个等级。

3. 诊断模型

田间的管理需要诊断模型，包括作物生长的物候和阶段、肥料盈亏状况、水分胁迫-干旱差评估、病虫害的蔓延、杂草的发展等。20 世纪 90 年代以来，农田肥、水状况的动态监测受到较多的关注，学者在航天、航空遥感数据与地面农田

肥水定量关系模型的建立和组分反演方面做了大量的工作，并取得了很大的进展（王纪华等，2008）。在旱灾遥感监测方面，发展了利用植被状态指数、温度状态指数、叶面缺水指数等监测干旱情况的方法。

参 考 文 献

侯学会, 隋学艳, 姚慧敏, 等, 2018. 基于物候信息的山东省冬小麦长势遥感监测[J]. 国土资源遥感, 30(2): 171-177.

江东, 王乃斌, 杨小焕, 等, 2002. NDVI 曲线与农作物长势的时序互动规律[J]. 生态学报(2): 247-252.

李卫国, 李秉柏, 王志明, 等, 2006. 作物长势遥感监测应用研究现状和展望[J]. 江苏农业科学(3): 12-15.

林文鹏, 王长耀, 2010. 大尺度作物遥感监测方法与应用[M]. 北京: 科学出版社.

汪懋华, 赵春江, 李民赞, 等, 2012. 数字农业[M]. 北京: 电子工业出版社.

王成瑗, 周广春, 2015. 吉林省水稻生产实用技术[M]. 长春: 吉林人民出版社.

王纪华, 赵春江, 黄文江, 等, 2008. 农业定量遥感基础与应用[M]. 北京: 科学出版社.

吴炳方, 张峰, 刘成林, 等, 2004. 农作物长势综合遥感监测方法[J]. 遥感学报(6): 498-514.

杨邦杰, 裴志远, 1999. 农作物长势的定义与遥感监测[J]. 农业工程学报(3): 214-218.

张蕾, 侯英雨, 郑昌玲, 等, 2019. 作物长势评估指数的设计与应用[J]. 应用气象学报, 30(5): 543-554.

张显峰, 廖春华, 2014. 生态环境参数遥感协同反演与同化模拟[M]. 北京: 科学出版社.

Busetto L, Meroni M, Colombo R, 2008. Combining medium and coarse spatial resolution satellite data to improve the estimation of sub-pixel NDVI time series[J]. Remote Sensing of Environment, 112(1): 118-131.

Dupuy S, Jarvis I, Defourny P, 2016. Towards a set of agrosystem-specific cropland mapping methods to address the global cro-pland diversity[J]. International Journal of Remote Sensing, 37(14): 3196-3231.

Liu Z Y, Wu H F, Huang J F, 2010. Application of neural networks to discriminate fungal infection levels in rice panicles using hyperspectral reflectance and principal components analysis[J]. Computers and Electronics in Agriculture, 72(2): 99-106.

Ma Y P, Wang S L, Zhang L, et al., 2008. Monitoring winter wheat growth in North China by combining a crop model and remote sensing data[J]. International Journal of Applied Earth Observation and Geoinformation, 10(4): 437.

Mahlein A K, Oerke E C, Steiner U, et al., 2012. Recent advances in sensing plant diseases for precision crop protection[J]. European Journal of Plant Pathology, 133(1): 197-209.

Wu B F, Gommes R, Zhang M, et al., 2015. Global crop monitoring: a satellite-based hierarchical approach[J]. Remote Sensing, 7(4): 3907-3933.

Wu B F, Meng J H, Li Q Z, et al., 2014. Remote sensing-based global crop monitoring: experiences with China's cropwatch system[J]. International Journal of Digital Earth, 7(2): 113-137.

Yan H M, Ji Y Z, Liu J Y, et al., 2016. Potential promoted productivity and spatial patterns of medium and low-yield cropland land in China[J]. Journal of Geographical Sciences, 26(3): 259-271.

Zhang X, Zhang M, Zheng Y, et al., 2016. Crop mapping using PROBA-V time series data at the Yucheng and Hongxing farm in China[J]. Remote Sensing, 8(11): 915.

Zinne R T J C, Via S M, Young R, 2013. Distinguishing natural from anthropogenic stress in plants: physiology, fluorescence and hyperspectral reflectance[J]. Plant Soil, 366: 133-141.

第 5 章　作物品质遥感监测

近年来，随着我国粮食总产量的增加和人们生活水平的不断提高，在追求粮食高产的同时，对粮食作物品质的关注也日益增加，并且市场对高品质的粮食作物需求逐年加大。在生产实践中，除了加强作物的品种选育，同时在生产中通过监测作物生长过程以做到合理调优栽培，在产后采用分级收获、分类储藏等综合措施以保证粮食的质量及稳定性。遥感不仅可以瞬时大面积地同步对作物的生长状态和生长环境进行监测，而且可以周期性地获取数据监测作物生育进程，为大面积、低成本监测预报作物品质提供了可能（汪懋华等，2012）。遥感技术可用于在产中指导调优栽培实现高产优质，在产后指导分类收制、分级储存。

5.1　作物品质的形成及其影响因素

5.1.1　作物品质的形成

1. 氮代谢与蛋白质形成

作物植株主要吸收硝酸态氮（NO_3^-）和氨态氮（NH_4^+）。以稻麦等禾谷类作物为例，开花前由根部吸收的 NH_4^+，在谷氨酰胺合成酶的作用下合成谷酰氨酸，后经谷氨酸合成酶及氨基酸转移酶作用形成氨基酸；吸收的 NO_3^- 则在硝酸还原酶的催化下形成 NO_2，经亚硝酸还原酶催化还原为 NH_4^+，大部分被输送到叶组织合成谷酰氨酸和氨基酸，用于植株生长和存储。开花后，氨基酸被转运到籽粒中，并在蛋白酶的催化下合成蛋白质。

作物籽粒中的蛋白质一部分来源于开花前存储在植株中氮化物的转运，另一部分来源于开花后植株对土壤氮的再同化，前者对籽粒蛋白质形成的贡献率在70%～80%。开花后，籽粒中开始积累蛋白质，籽粒蛋白质含量表现为"高-低-高"的"V"字形动态变化趋势，即灌浆初期和后期较高，中期较低。灌浆期间，随着光合产物向籽粒的大量输入，籽粒中的氮化物被稀释，蛋白质含量很快下降，低谷期一般出现在开花后 12～18 天。接近成熟时，蛋白质含量又回到较高水平。土壤中氮素含量和追施氮素水平对于籽粒氮素的积累具有明显影响（曹广才等，1993）。

2. 碳代谢与淀粉积累

碳代谢是指糖类在作物体内的一系列生理变化过程。糖类对于作物品质特别是稻谷品质有很大的影响。糖类（光合作用的产物）按其存在形式可分为结构性糖类（主要用于形态建成，如木质素、纤维素等）和非结构性糖类（主要参与生理代谢，如蔗糖、果聚糖、淀粉等）两种（王纪华等，2008）。

作物通过光合作用，在蔗糖磷酸合成酶等酶的催化下，将 CO_2 和 H_2O 合成蔗糖（或其他形式的葡萄糖），存储于叶片的液泡内或茎、鞘中。蔗糖是作物体内糖类运输的主要形式。开花后 3～5 天，存储在植株中（茎、鞘、叶）的非结构形态水化合物以蔗糖的形式向籽粒转运，在蔗糖降解酶的作用下，分解为可溶性糖（如磷酸己糖和腺苷二磷酸葡萄糖等）。一部分可溶性糖在可溶性淀粉合成酶的催化下合成支链淀粉；另一部分可溶性糖在淀粉粒结合态淀粉合成酶催化下合成直链淀粉。在灌浆阶段，籽粒淀粉含量的变化动态与蛋白质含量的变化不一致。

5.1.2 作物品质的主要影响因素

影响作物品质的主要因素除了品种之外，更主要的是栽培措施和生态环境（主要作物品质影响因子及存在问题见表 5-1），种植优良品种但产品不达标的现象十分普遍。氮素调控、水分管理、温度影响及倒伏等灾害发生是影响品质的几个重要方面（Lu et al.，2017；刘纪远等，2005），其中，氮素调控尤为重要。

表 5-1　主要作物品质影响因子及存在问题（王纪华等，2008）

作物	影响品质主要生化组分	影响品质主要环境因子	生产流通中的主要问题（存在区域）
水稻	直链/支链淀粉比例；粗蛋白含量	直链/支链淀粉比例受灌浆期间温度影响；粗蛋白含量受施氮量影响	水稻灌浆期间高温胁迫时品质下降（部分区域）；施用氮素肥料过多使粗蛋白含量超标（普遍）
玉米	粗蛋白含量；粗纤维比例；稳定时间	粗蛋白含量受施氮量影响；稳定时间受温度和水分影响	施用氮素肥料过多使粗蛋白含量超标（普遍）
小麦	粗蛋白含量；面筋含量；稳定时间	粗蛋白含量、面筋含量受施氮量影响；稳定时间受温度和水分影响	高温逼熟或灌浆期水分过多使稳定时间偏低（华北强筋麦）；施用氮素肥料过多或偏晚使粗蛋白含量偏高（南方）
大麦	粗蛋白含量；麦芽无水浸出物	粗蛋白含量及麦芽无水浸出物比例受施氮量影响	施用氮素肥料过多使粗蛋白含量超标，影响啤酒麦芽质量（普遍）

5.2　作物品质评价指标

依据人类需求和用途的不同，作物品质可分为形态品质、营养品质、碾磨品质和食品加工品质等类型。作物品质（如小麦品质）既是一个众多因素构成的综合概念，又是一个依其用途而改变的相对概念（魏益民，2005；于振文，2001）。

形态品质，指作物产品的外观特性，它包含许多外观性状。如小麦的外观品质包括粒长、粒形、硬度、颜色、光泽等；稻米的透明度、垩白大小、平白率等也属于外观品质。

营养品质，指作物产品的营养价值，即所含有的营养物质对满足营养需要的适合性和满足程度。如粮食作物籽粒蛋白质含量及其氨基酸组成、纤维素含量和微量元素含量，薯类作物的淀粉含量，油料作物的脂肪和脂肪酸含量等。籽粒蛋白质含量是作物的重要品质指标，小麦营养品质包括营养成分的组成、多少、均衡性和全面性等，特别是籽粒中蛋白质的含量和必需氨基酸的平衡程度，其中以高蛋白、高赖氨酸为主。

碾磨品质，指作物产品在经碾磨后所表现出的特征性状。如小麦经磨粉后的出粉率、白度；稻谷碾米后的糙米率、精米率、整精米率等。

食品加工品质，指作物产品经蒸、煮、烤等食品加工工艺后所呈现出的特征性状。如稻米蒸煮后的柔软性、糊化性、香味、甜度。小麦加工品质指小麦籽粒对制粉及面粉对制作不同食品的适合性和满足程度，分为一次加工品质（制粉品质）和二次加工品质（食品制作品质）。

5.3　作物品质遥感监测实践

与产量监测相比，品质监测具有以下有利因素：一是品质监测要求精度范围较宽，不同精度下都有对应的需求，既有高精度监测绝对数值的需求，也有粗精度监测超出或低于某个值段的区域或者排查障碍因子的需求；二是尽管作物品质的形成与影响因素比较复杂，但往往不需要监测笼统的"品质"指标，而是分解为具体单项指标（Han et al.，2012；王纪华等，2008）。以籽粒氮素含量为例，它是一个具体的单项指标，也是"品质"的关键评价因子，由于其影响因子比较单一，主要受土壤供氮量的影响，并且较强地反映在群体叶绿素密度和叶面积指数变化上，利用遥感手段相对容易监测，而产量指标通常无法分解（Graziosi et al.，2016；王纪华等，2008）。因此，在充分理解作物品质形成的农学机理基础上，集成农学知识和遥感观测数据，实现作物品质的遥感监测预报的可行性和应用潜力较大（吴炳方等，2019）。

5.3.1　作物品质遥感监测模式

结合遥感技术特点和作物生长发育特征，从技术路线上，遥感监测预报农作物品质一般采用以下三种模式。

（1）直接模式。对于牧草、饲用玉米等作物，其叶片或茎秆是经济产量的重要组成部分，叶片或茎秆内部的生化组分如氮素（可以换算成粗蛋白质）等是评价品质的重要指标，可以直接建立某个时相下遥感数据与叶片或茎秆生化组分间的相关关系，进而评估其品质状况。例如，通过敏感波段的反射率可以反演植被冠层的氮素水平（Mahlein et al.，2013；王纪华等，2008）。

（2）间接模式。水稻、小麦、玉米等作物，其籽粒是构成经济产量的收获对象，叶片或茎秆的生化组分虽不能直接作为评价品质的指标，但可以首先建立遥感数据与叶片或茎秆生化组分间的相关关系，以叶片或茎秆生化组分与籽粒品质指标间的非遥感模型为链接，间接预测预报品质状况（王纪华等，2008）。

（3）综合模式。大多数情况下，决定作物品质的因素是复杂的。一方面是影响作物品质生化组分的多样性；另一方面是决定品质形成的遗传因素与环境作用的复杂性。仅就稻麦品质形成规律而言，大米的商品品质主要受稻谷籽粒中粗蛋白和直链淀粉等生化组分含量的影响（王君婵等，2012；王纪华等，2008）。除了品种遗传因素外，栽培过程中环境气象条件、氮素肥料和水分供给及病害发生与否均影响品质的形成。

5.3.2　作物品质遥感监测技术路线

目前，我国主要作物品质监测方法仍采用实验室化学分析方法，虽然精度较高，但实验室分析仪器设备昂贵，分析耗时，结果滞后，近年来室内近红外仪器方法使分析速度大大提高，但仍难以满足大面积检测和大量交易的需要（Gommes et al.，2016；李存军等，2008），而且，二者均存在样点代表性差的弱点。遥感监测作物品质的优势在于可以快速实时获取大面积（全覆盖）数据，成本低廉；缺点是获取的地表相关要素有限，因此不可能采取实验室通常采用的确切分析多种生化组分的技术路线（王纪华等，2008）。遥感监测作物品质的技术途径是利用温感反演地表或冠层叶绿素、氮素等作物品质关键组分参数及叶面积指数、水分、温度等相关影响因子，结合地面取样和实验室定标，为大面积估测作物品质指标提供辅助支持（张伏等，2014）。

将实验室点状信息分析测试的点状数据与遥感实时获取的面状数据结合起来，构建田块尺度籽粒粗蛋白含量、品质均匀度、作物成熟度及收获时期等遥感监测指标（王纪华等，2008）。在栽培上，利用多时相遥感影像数据实现地表参数反演，根据监测结果指导调优栽培中的肥水管理；在收购加工方面，利用遥感数据将监测区域内某种作物的品质初步划分为若干等级，优等的可以免去实验室检测程序，中等的可以进入实验室抽样检测，劣等的不予收购、降级收购或用作他用。在此基础上进行分级加工，就可以从总体上提高商品等级和品质均一度，并大幅度降低品质分析检测成本，从而为指导作物调优栽培、适时收获和分类加工，真正实现优质优价提供技术支持（王纪华等，2008）。

总体来说，作物品质预测预报技术主要采用以下三个途径：一是基于氮素运转的籽粒蛋白质含量遥感监测预报技术，即基于植株氮素运转规律，利用遥感监测开花期叶片全氮含量，通过模型链接可以预测预报收获期的籽粒蛋白质含量，适合于监测氮素含量为品质关键因子的作物；二是基于土壤、品种、气象多因素综合模型的品质遥感监测预报技术，将影响作物品质的主要因子排序，根据上述因子对籽粒品质形成的贡献率大小赋予不同的权重，并根据"星-地"或"机-地"同步观测结果对遥感参量建模和赋值，对于非遥感参量通常根据先验知识赋值，该途径适应范围广，但对于机理性要求高，目前尚不成熟；三是基于障碍因子阈值法的遥感品质预报，即通过监测品质形成过程中极端高温或低温、旱涝、病虫害、倒伏等品质障碍因子的发生情况，从而筛除"非优"区域，以达到辅助监测品质的目的，是品质遥感监测初期阶段比较合适的途径。

5.3.3 作物品质遥感监测方法

作物品质遥感监测方法主要包括统计法、遥感模型与农学模型链接法、综合法等方法。

1. 统计法

作物不同生育期的长势、水分和养分状况与收获时的品质存在关系。通过多时相的遥感监测作物的生长发育、氮素、水分胁迫等，利用遥感光谱通过最小二乘法、逐步回归法、神经网络法等数理统计方法，建立遥感数据与作物品质的统计模型，从而实现作物品质的监测。

2. 遥感模型与农学模型链接法

作物品质不但与籽粒形成时期有关，而且与前期环境条件及其生长发育状况密切相关，因此，遥感模型与农学模型链接十分重要（Liu et al., 2010；王纪华等，2008）。首先需明确各生育时期尤其是中后期作物冠层的形态、生理生化及田间生态指标与籽粒品质的相关性，寻找显著相关因子建立模型并给予农学机理解释；进而筛选反演上述显著相关因子的光谱特征波段或植被指数等。通过高光谱遥感和卫星影像数据建立麦田冠层的叶绿素、氮素等生化组分及温度、水分反演模型，并与农学模型链接，初步实现了对籽粒品质的监测预报。如基于氮素运转的籽粒蛋白质含量遥感监测预报方法，基于植株氮素运转规律，利用遥感监测开花期叶片全氮含量，通过模型链接可以预测预报收获期的籽粒蛋白质含量，适合于监测氮素含量为品质关键因子的作物。

3. 综合法

综合法包括障碍因子排除法和影响因子权重匹配及归一化赋值法。障碍因子排除法，是根据已建立的遥感模型和实时获取的影像数据，对监测区域内农田及植被进行定量解析，将已发生诸如灌浆期水分过多、冠层温度过高（超过阈值）、较大面积病害或倒伏等障碍性影响较严重的田块，从正常区域中排除。即通过监测品质形成过程中极端高温或低温、旱涝、病虫害、倒伏等品质障碍因子的发生情况，从而筛除"非优"区域，以达到辅助监测品质的目的，是品质遥感监测初期阶段比较适合的途径。此项作业既可以单独进行监测，也可以作为其他方法的基础。而影响因子权重匹配及归一化赋值法，是设定正常区域的品质指数为0～1，将影响小麦品质的主要因子排序，其中，遥感参量包括长势 NDVI、冠层温度、土壤表层含水量等，非遥感参量包括品种、土壤质地等，根据上述因子对籽粒品质形成的贡献率大小赋予不同的权重。对于遥感参量，根据大量地面试验建立的统计模型或机理模型归一化赋值；对于非遥感参量，通常根据先验知识赋值，如品种根据生化组分含量等综合评价赋值，而土壤质地归一化根据地理信息系统（geographic information system，GIS）基础数据赋值。

5.3.4　作物品质遥感监测模型

结合遥感技术探测作物长势信息的特点与作物品质形成的生理生态特征，作物品质遥感监测模型可以分为基础模型和综合模型。

1. 基础模型

在分析作物不同生长期植株生理生态指标与作物品质指标间关系的基础上，筛选具有显著关联的主要植株生理生态指标。通过分析这些主要指标与遥感光谱信息（光谱反射率或光谱指数）间的定量关系建立遥感监测模型。模型的建立可为进一步对作物品质指标进行监测提供定量的工具（闫慧敏等，2010）。它一般包括以个体为对象的叶片监测模型和以群体为对象的冠层监测模型。前者包括叶片氮素监测模型、叶绿素监测模型、叶片含水量监测模型；后者包括叶面积指数监测模型、生物量监测模型、冠层温度监测模型、冠层色素监测模型、冠层水分监测模型、冠层氮素含量监测模型等（Damm et al., 2015）。由于基础模型多数是采用统计方法建立的，因而它具有明显的经验性（Umina et al.，2016），存在较强的时空特征限制性，但当遥感光谱信息与被监测对象具有明显的关联性时，利用基础模型不失为一种简便、快捷、有效的监测模式（Zhang et al.，2014）。

2. 综合模型

建立在基础模型之上的，针对基础模型强经验性与弱适用性的特点，充分考虑了植株生理生态指标与品质形成过程的相互关系，通过光谱信息线性（或非线）性组合或与其他模型相耦合的模式，建立可用于不同时间序列或不同种植区域的作物品质监测模型。它一般包括基于光谱信息与叶片（或冠层）生化指标的品质监测模型、多元光谱信息组合的品质监测模型、多源卫星数据集成的品质监测模型、光谱信息与气候环境因子结合的品质监测模型、光谱信息与生长模型耦合的品质监测模型等。与基础模型相比，综合模型具有较好的机理性与解释性，并明显增强了普适性。

参 考 文 献

曹广才，王绍中，1993. 小麦品质生态[M]. 北京：中国科学技术出版社.

李存军，王纪华，王娴，等，2008. 遥感数据和作物模型集成方法与应用前景[J]. 农业工程学报，24(11): 295-301.

刘闯远，徐新良，庄大方，2005. 20 世纪 90 年代 LUCC 过程对中国农田光温生产潜力的影响——基于气候观测与遥感土地利用动态观测数据[J]. 中国科学：地球科学，35(6): 483-492.

汪懋华，赵春江，李民赞，等，2012. 数字农业[M]. 北京：电子工业出版社.

王纪华，赵春江，黄文江，等，2008. 农业定量遥感基础与应用[M]. 北京：科学出版社.

王君婵，谭昌伟，朱新开，等，2012. 农作物品质遥感反演研究进展[J]. 遥感技术与应用，27(1): 15-22.

魏益民，2005. 谷物品质与食品加工——小麦籽粒品质与食品加工[M]. 北京：中国农业科学技术出版社，2008.

吴炳方，张淼，曾红伟，等，2019. 全球农情遥感速报系统 20 年[J]. 遥感学报，23(6): 1053-1063.

闫慧敏，肖向明，黄河清，等，2010. 黄淮海多熟种植农业区作物历遥感检测与时空特征[J]. 生态学报，30(9): 2416-2423.

于振文，2001. 优质专用小麦品种及栽培[M]. 北京：中国农业出版社.

张伏，张亚坤，毛鹏军，等，2014. 植物叶绿素测量方法研究现状及发展[J]. 农机化研究，4: 238-241.

Damm A, Guanter L, Paul-limoges E, et al., 2015. Far-red sun-induced chlorophyll fluorescence shows ecosystems-specific relationships to gross primary production: an assessment based on observational and modeling approaches[J]. Remote Sensing of Environment, 166(9): 91-105.

Gommes R, Wu B F, Li Z Y, et al., 2016. Design and characterization of spatial units for monitoring global impacts of environmental factors on major crops and food security[J]. Food and Energy Security, 5(1): 40-55.

Graziosi I, Minato N, Alvarez E, et al., 2016. Emerging pests and diseases of South-east Asian cassava: a comprehensive evaluation of geographic priorities, management options and research needs[J]. Pest Management Science, 72(6): 1071-1089.

Han W G, Yang Z W, Di L P, et al., 2012. CropScape: a web service based application for exploring and disseminating US conterminous geospatial cropland data products for decision support[J]. Computers and Electronics in Agriculture, 84: 111-123.

Liu Z Y, Wu H F, Huang J F, 2010. Application of neural networks to discriminate fungal infection levels in rice panicles using hyperspectral reflectance and principal components analysis[J]. Computers and Electronics in Agriculture, 72(2): 99-106.

Lu Z J, Song Q, Liu K B, et al., 2017. Rice cultivation changes and its relationships with geographical factors in Heilongjiang Province, China[J]. Journal of Integrative Agriculture, 16(10): 2274-2282.

Mahlein A K, Rumpf T, Welke P, et al., 2013. Development of spectral indices for detecting and identifying plant diseases[J]. Remote Sensing of Environment, 128(4): 21-30.

Umina P A, Schiffer M, Parker P, et al., 2016. Distribution and influence of grazing on wheat curl mites(Aceria tosichella Keifer)within a wheat field[J]. Journal of Applied Entomology, 140(6): 426-433.

Zhang B H, Huang W Q, Li J B, et al., 2014. Principles, developments and applications of computer vision for external quality inspection of fruits and vegetables: a review[J]. Food Research International, 62: 326-343.

第6章 作物产量遥感估算

作物生长状况的动态监测和产量的及时、准确预测，对于国家粮食政策的制定、价格的宏观调控、农村经济的发展及对外粮食贸易都具有重要意义。谁能较早、准确地掌握各种粮食的生产信息，谁就能在世界粮食贸易中掌握主动权，获得较好的经济效益（Zhang et al.，2014a）。尤其是对灾害年份的粮食产量损失的预测对国计民生、国家的长治久安具有重要意义（汪懋华等，2012；Esquerdo et al.，2011）。遥感技术具有宏观、动态、快速、准确等优点，可以在短时间内连续获取大范围区域的地表信息，用于农作物估产具有独特的优势（Fan et al.，2018；Zhang et al.，2016）。目前遥感已被广泛地应用于各种粮食作物的产量估算中，成为遥感与农业交叉的研究重点（Yue et al.，2018；吴炳方等，2004）。

6.1 农业遥感估产原理

任何物体都具有吸收和反射不同波长电磁波的特性，不同物体往往表现出不同的光谱特征，人们可以通过不同的光谱特征信息来识别不同物体（栾青等，2020；罗亮等，2018）。正是基于同样的原理，研究人员运用遥感手段，根据生物学原理，在分析收集农作物光谱特征的基础上，通过卫星传感器记录的地球表面信息辨别作物类型（Figueiredo et al.，2016），建立不同条件下的产量预报模型，从而在作物收获前预测作物产量（Chang et al.，2017；江东等，1999）。

6.2 遥感估产建模方法

估产模型构建是农作物遥感估产的核心问题，建立一个优秀的模型是进行高效、高精度遥感估产的必要条件（Turner et al.，2006；Zhang et al.，2003）。当前以遥感信息构建作物单产估算模型的思路方法，仍然是以现有成熟的作物单产估算方法模型为基础，将遥感信息作为输入变量直接或间接表征这些方法模型中的驱动因子变量或参数来实现作物单产的估算（Hu et al.，2018；Yuan et al.，2014）。从某种程度上说，农作物单产遥感建模的实质，是将遥感信息作为输入变量，直接或间接表达作物生长发育和产量形成过程中的影响因素或参数，单独或与其他非遥感信息相结合，依据一定的原理和方法构建单产模型进行作物产量估算的过程。遥感估产建模方法可以简要分为下几种模式：产量-遥感光谱指数的简单统计相关模式、潜在-胁迫产量模式、产量构成三要素模式及作物干物质-产量模式（Gonsamo et al.，2014；潘耀忠等，2013）。

1. 产量-遥感光谱指数的简单统计相关模式

该模式利用产量直接与遥感光谱指数进行简单相关统计分析来估算作物产量，通常表现为两种方式：一种是直接以遥感波段作为自变量，使用单波段或多波段为模型驱动因子与产量建立估算模型；另一种是将遥感数据影像各波段组合成各种不同形式的遥感指数，以这些遥感指数直接或间接作为模型驱动因子构建相关统计模型估算产量（Zhang et al.，2014b；王纪华等，2008）。

该模式的基本特点是利用作物生长期内的一个或多个时相的遥感数据，通过波段组合生成各种不同形式能够表征作物产量影响因素的指标，通过简单的统计学分析方法，建立起作物产量的数学估算方程模型。这种计算作物产量的方法模式，不考虑作物产量形成的复杂过程，建立的模型简洁明了、计算方便，是一种较为普遍的产量估算模式（Becker et al.，2010；王纪华等，2008）。但是，这种作物产量估算模式所建立的模型方程没有明确的生物物理机制，难以真正反映作物的生长发育过程，区域外推的适用性不高。此外，这种模型也忽略了光谱参数是一个多元函数的性质。

2. 潜在-胁迫产量模式

影响作物产量形成的因素是复杂的，作物估产模型从本质上讲，应全面考虑这些因素及其关系，但这样做势必使得模型的构建变得异常复杂（王纪华等，2008）。事实上，影响作物产量的因子或过程可以分为两大类：一类是作物本身的生理因素，它们表现为系列生物学参数，如叶面积指数、地上生物量、叶绿素浓度等。这些参数是作物产量形成的物质基础，决定作物产量可能达到的最高上限，即潜在产量部分；另一类是作物生长的生态环境条件，如水分、养分、温度、光照及灾害等，它们对最终产量的形成起限制作用，即胁迫产量部分（马晋等，2017）。作物产量就是在这两类因素的共同影响下形成的。因此，遥感估产模型的建立过程，就是根据遥感数据来获取这些参数驱动模型估算产量的过程（王纪华等，2008）。换句话说，潜在胁迫产量模型先假定作物处在正常环境状态下，在该环境下的作物产量即潜在产量，但事实上，作物产量的形成要受到多个制约因素的影响，使得产量会发生增减的波动，这部分波动的产量，即为受到制约因素影响的胁迫产量，因此计算作物产量的过程就是分析这两部分产量的过程。

该模式有一定合理的建模思路，可以灵活地侧重两个产量方面，采用不同的指数来分别表达作物产量。事实上，结合作物生长与发育期，以作物生长期数据来计算潜在产量，以发育期生长数据信息估算胁迫产量。但是如何有效地确定并估算作物潜在产量和胁迫产量还是一个有待深入研究的问题，因为作物潜在产量和胁迫产量的形成并不是两个独立的产生过程，而是相互交织影响的，很难有效地从机理上进行量化评价（王纪华等，2008），因此在已有研究中采用潜在-胁迫产量模式时，大多是一定程度的统计分析，仍脱离不了相关统计的主特征。

3. 产量构成三要素模式

产量构成三要素模式的思路是从作物产量构成要素单位面积植株数（穗数）、每株（穗）平均粒数、籽粒重出发，结合作物生育期，以遥感信息来分别表达三者的关系。以该模式来构建遥感产量模型的研究在国内比较多见（王纪华等，2008）。作物产量构成三要素之间的关系其实是作物群体（株/穗数）与个体（粒数与籽粒重）之间的辩证关系，人们可以依靠群体大来获得高产，也可以利用粒数多、籽粒重的个体来获得高产。因此对确定的耕地区域而言，产量的高低受制于二者。群体的确定常常可以用 LAI 来表达，群体的强度则受到植株蒸腾作用的影响，而蒸腾作用往往与水系数相关。正因为如此，将近红外遥感信息与热红外遥感信息有机结合是遥感估产建模的可行解决途径，以近红外遥感信息来反演计算 LAI，表达作物群体信息，以热红外信息度量作物蒸腾状况，反映个体特征，这是值得我们关注的地方。

基于遥感信息的作物产量构成三要素模式估算作物单产的思路最为简洁明确，应用该模式估算作物单产时，小范围建立的模型往往有一定的精确度，但是外推时则精度不高。此外，如何将作物生长期内的遥感信息及其辅助数据信息与三要素合理结合起来，当前的研究几乎完全是相关统计的方法，缺乏本质合理的产量形成机理解释。

4. 作物干物质量-产量模式

遥感数据更直接反映的是地表植被的冠层信息，表达的是作物地面上株体总体状况信息，而不仅仅是与果实相关的器官部分（即产量部分）的状态。因此，基于遥感信息数据估测作物地面上干物质量，然后再依据作物干物质量与果实部分的关系得到作物产量是更加合理的遥感单产建模的途径，这也是作物干物质量-产量模式的基本思想（王纪华等，2008）。

当前，计算作物干物质量的具体方法有多种，概括起来可以简要分为统计模型和物理模型，而物理模型通常可以划分为过程模型和参数模型（光能利用率模型）。统计模型主要是基于遥感信息与作物干物质量之间的简单统计相关关系计算得到作物干物质量，因而统计模型具有输入变量少、计算快等优点，但这些模型或者缺乏严密的生理、生态理论做依据，或者只能对潜在干物质量进行研究，因而不能很好地反映现实。由于作物一般为一年生或跨年生的植被，因此通过计算作物生长季内的净初级生产力（net primary productivity, NPP）作为作物干物质的生态学过程模型和参数模型应运而生（林志东等，2015）。生态学过程模型结合植物的生物学特征和生态系统的动态与功能来模拟系统尺度上的过程，包括植被冠层光合作用、蒸腾作用、土壤湿度的变化、碳和氮的动态变化等，过程模型包含了植物生长的生理生态学机理，具有一定的理论基础和较高的精度，是估算自然植被 NPP 的一种较为合理的方法，但生态学过程模型都比较复杂，计算时需要根据植被类型确定相应的植被参数。参数模型又称为光利用模型，即

$$NPP = \varepsilon \times APAR \qquad (6\text{-}1)$$

式中，APAR 为吸收的光合有效辐射；ε 为光能利用率。

　　参数模型的基本思路是在理想状态下，植被对光的利用有一个最大的利用率，但实际上植被的光合作用受多种胁迫影响，于是将影响植被光合作用的复杂环境因素以相对综合的要素来表达。总的说来，参数模型比统计模型考虑了更多的因素，但与复杂的生态学过程模型相比却又简化了部分参数，因此参数模型既有一定的生态物理基础，又不涉及过多的输入变量且具有一定的精度，已经得到了广泛的应用。

　　得到干物质量后，如何估算产量是值得研究的一个问题。当前的研究常表现为两种形式：一种是将作物产量与干物质量之间的关系看成是近似不变的比值关系，通常以经济系数、收获指数或干物质累积效率等表达，通过将作物干物质量乘以一个系数的方式得到作物产量，这种形式比较简单，不需要考虑复杂的作物干物质向果实器官转化的过程；另一种是从作物干物质量分配规律出发，以数学函数解释干物质量向作物果实部分的转化，并最终得到作物产量，这种形式由于要建立合理的干物质量向作物果实部分的转化函数模型，具有一定的复杂性，但有合理的生理生态学解释，当前正逐步成为研究的热点。

　　当前，基于遥感数据和作物生长模拟模型相结合的同化估产模型实际上也是作物干物质量产量模式的一种表现。作物生长模拟模型以相似性原理为基础，分析作物生长发育的生理生态过程、物理机制，以数学函数模型揭示作物生长发育、产量形成的物理规律，并在一定假设条件下，确定边界条件，简化模型，寻求合适的数学解法，通过模拟试验调整输入参数，以此来建立作物产量模型。基于遥感的作物生长模拟模型就是以遥感数据信息来替代或同化拟合生长模型中的一些变量或参数，尤其是一些较难获取的参量，同时结合相应的辅助数据，来建立模拟作物生长的光合作用模型、呼吸作用模型等作物生长发育过程子模型，并能通

过相应的作物器官生长子模型量化作物株体干物质量与果实器官间的关系，最终得到作物果实部分（产量部分）的数量信息（王纪华等，2008）。因而，通过作物生长模拟模型来估算作物产量的过程，实质上也是上述提到的基于作物干物质量分配规律来建立作物干物质量向最终作物果实器官部分转化的函数模型的过程（赵晶晶等，2011）。基于遥感数据和作物生长模拟模型相结合的同化估产模型，能充分发挥遥感与作物生长模型二者各自的优势，具有明确合理的作物产量形成生理生态机制解释，近年来受到越来越多的关注。

参 考 文 献

江东, 王乃斌, 杨小焕, 等, 1999. 我国粮食作物卫星遥感估产的研究[J]. 自然杂志, 21(6): 351-355.

林志东, 武国胜, 2015. 基于 MODIS 的大田县均溪谷地 NPP 与 NDVI 相关性的时空变化特征[J]. 亚热带资源与环境学报, 1(1): 27-33.

栾青, 郭建平, 马雅丽, 等, 2020. 玉米叶面积指数估算通用模型[J]. 中国农业气象, 41(8): 506-519.

罗亮, 闫慧敏, 牛忠恩, 2018. 农田生产力监测中 3 种多源遥感数据融合方法的对比分析[J]. 地球信息科学学报, 20(2): 268-279.

马晋, 周纪, 刘绍民, 等, 2017. 卫星遥感地表温度的真实性检验研究进展[J]. 地球科学进展, 32(6): 615-629.

潘耀忠, 张锦水, 朱文泉, 等, 2013. 粮食作物种植面积统计遥感测量与估产[M]. 北京: 科学出版社.

汪懋华, 赵春江, 李民赞, 等, 2012. 数字农业[M]. 北京: 电子工业出版社.

王纪华, 赵春江, 黄文江, 等, 2008. 农业定量遥感基础与应用[M]. 北京: 科学出版社.

吴炳方, 张峰, 刘成林, 等, 2004. 农作物长势综合遥感监测方法[J]. 遥感学报(6): 498-514.

赵晶晶, 刘良云, 徐自为, 2011. 华北平原冬小麦总初级生产力的遥感监测[J]. 农业工程学报, 27(2): 346-351.

Becker R R B, Vermote E, Lindeman M, et al., 2010. A generalized regression-based model for forecasting winter wheat yields in Kansas and Ukraine using MODIS data[J]. Remote Sensing of Environment, 114(6): 1312-1323.

Chang S, Wu B F, Yan N N, et al., 2017. Suitability assessment of satellite-derived drought indices for Mongolian Grassland[J]. Remote Sensing, 9(7): 650.

Esquerdo J C D M, Junior J Z, Antunes J F G, 2011. Use of NDVI/AVHRR time-series profiles for soybean crop monitoring in Brazil[J]. International Journal of Remote Sensing, 32(13): 3711-3727.

Fan Z, Lu J W, Gong M G, et al., 2018. Automatic tobacco plant detection in UAV images via deep neural networks[J]. IEEE Journal of Selected Topics in Applied Earth Observations & Remote Sensing(99): 1-12.

Figueiredo G K D A, Brunsell N A, Rocha J V, et al., 2016. Using temporal stability to estimate soya bean yield: a case study in Parana state, Brazil[J]. International Journal of Remote Sensing, 37(5): 1223-1242.

Gonsamo A, Chen J M, 2014. Continuous observation of leaf area index at Fluxnet Canada sites[J]. Agricultural and Forest Meteorology, 189-190: 168-174.

Hu Q, Ma Y X, Xu B D, et al., 2018. Sub-pixel soybeans fraction estimation from time-series MODIS data using an optimized geographically weighted regression model[J]. Remote Sensing, 10(4): 491.

Turner D P, Ritts W, Cohen W, et al., 2006. Evaluation of MODIS NPP and GPP products across multiple biomes[J]. Remote Sensing of Environment, 102(3): 282-292.

Yuan L, Zhang J C, Shi Y, et al., 2014. Damage mapping of powdery mildew in winter wheat with high-resolution satellite image[J]. Remote Sensing, 6(5): 3611-3623.

Yue J B, Feng H K, Yang G J, et al., 2018. A comparison of regression techniques for estimation of above-ground winter wheat biomass using near-surface spectroscopy[J]. Remote Sensing, 10(2): 66.

Zhang B H, Huang W Q, Li J B, et al., 2014a. Principles, developments and applications of computer vision for external quality inspection of fruits and vegetables: a review[J]. Food Research International, 62: 326-343.

Zhang J C, Huang Y B, Yuan L, et al., 2016. Using satellite multispectral imagery for damage mapping of armyworm(Spodoptera frugiperda) in maize at a regional scale[J]. Pest Management Science, 72(2): 335-348.

Zhang J C, Yuan L, Pu R, et al., 2014b. Comparison between wavelet spectral features and conventional spectral features in detecting yellow rust for winter wheat[J]. Computers & Electronics in Agriculture, 100(2): 79-87.

Zhang X Y, Friedl M A, Schaaf C B, et al., 2003. Monitoring vegetation phenology using MODIS[J]. Remote Sensing of Environment, 84(3): 471-475.

第7章　农田生态环境参数遥感反演方法

农田生态系统中的物质循环和能量流动是紧密结合在一起的，物质是能量的载体，能量是物质循环的动力，在能量的驱动下物质从一种形态变成另外一种形态，从一个物质载体中进入另外一个载体（He et al.，2014；曹志洪等，2008）。植被是生态系统的重要组成部分，是地球上物质循环和能量流动的枢纽。植被通过光合作用将自然环境中的无机物质合成为有机物质，把所吸收的太阳能储存起来，为其他生物直接或间接地提供物质和能量来源。植物在食物链和食物网的作用下与其他生物联系起来，使有机界和无机界连接成一个整体，推动着地球生态系统的进化和发展；同时，植物是环境中二氧化碳和氧气的主要调节器，植物吸收二氧化碳，释放出氧气，维持着大气中二氧化碳和氧气的平衡。二氧化碳和氧气是生命活动的原料，也是生命活动的产物，它们在大气中的含量状况影响着整个地球环境（刘嘉麒等，2007）。因此，农田土壤水分、地表温度和太阳辐射等生态因子不仅直接影响整个生态系统，而且通过影响生态系统中最重要的因子——植被，间接影响地球表层系统的变化（贾敬敦，2013）。

植物的生命活动需要从环境中获得光照、温度、水分、无机盐等基础生态因子，与此同时也会影响环境。水分是植物生长发育所必需的因子，与其他因子相比，植物功能性状对水分的响应更为显著，水分还影响着植物的光合速率，在区域尺度上植物光合作用也会随着环境湿度上升而减弱（Jagdhuber et al.，2013）。通过地面测量或遥感等手段对生态系统物质能量的组成要素及其变化进行定量化认识，是了解生态系统物质能量循环的基本方法（Yue et al.，2019；Louargant et al.，2017）。

7.1　农田土壤水分遥感反演

地表土壤水分是陆地和大气能量交换过程中的重要因子，是气候、水文、生态、农业等学科衡量土壤干旱程度的重要指标，也是全球气候变化的重要组成部分，并对陆地碳循环等物质循环有很强的控制作用（吉林省土壤肥料总站，1998）。农田遥感数据所能提供的最重要的信息，就是不同土壤与作物在不同波段上表现出来的特征（Seneviratne et al.，2010）。这些不同特征最直接的表现形式就是各波段的反射率或辐射值，这些信息是反演农田地表参数、开展农田遥感应用的基础。

光谱特征空间是指多波段光谱信息或由此得到的两个或两个以上地表生态物理参数组成的光谱空间，当人们用不同波段的植被-土壤系统的反射率因子以一定的形式组合成一个参数时，发现它与植被特性参数间的函数关系（如 LAI、干物质产生率等）比单一波段值更稳定、更可靠（范闻捷等，2005）。多维光谱特征空间充分利用多波段数据如可见光、近红外、短波红外和热红外数据资料，衍生出更丰富的农田地表信息，有助于在各种空间尺度和时间尺度上更准确地认识农田生态过程及作物生长时空变化规律（王振龙等，2006）。

1. LST-NDVI 特征空间

地表温度（land surface temperature, LST）和 NDVI 构成的二维空间被称为 LST-NDVI 特征空间。植被指数和地表温度是描述陆面过程的重要参数，不同的地物在 LST-NDVI 特征空间中的分布有一定规律，呈现出三角形分布或梯形分布。LST-NDVI 特征空间的形状（三角形或梯形）主要由研究对象的植被覆盖状况和遥感数据的获取方式所确定。不同的土地覆盖类型和地表水分状况在此空间中呈现出较好的分异规律。LST-NDVI 特征空间具有明确的生态学内涵，反映了各种生物物理机制驱动下地表覆盖及各种物理参量的变化（Lambin et al., 1996）。韩丽娟等（2005）总结了前人的研究结果，分析 NDVI 和地表温度的各种存在关系及其相互转换过程。首先 LAI 很大时，植被覆盖和地表温度之间的关系在 LST-NDVI 特征空间中会被 NDVI 截成梯形。利用 NDVI 和 LAI、地表蒸散的关系，结合温度植被干旱指数（temperature vegetation dryness index, TVDI），可以进一步解释 LST-NDVI 构成的三角形特征空间在 NDVI 饱和以后的意义。在 NDVI 达到饱和以后，LAI 和地表蒸散还在不断增加。模型中"干边"和"湿边"的交点，实际上是植被生长过程中最理想的状态。该状态的土壤水分供应充足，植被完全覆盖，叶面积指数达到最大，蒸散量最大，并且温度很低。但在确定温度-植被指数特征空间的干湿边时，只是通过遥感数据反演的 LST 和 NDVI 散点图拟合得到，对其物理意义缺乏严格的定义，边界拟合时有一定的随意性。

2. NIR-Red 特征空间

植被对红光有强烈的吸收，对近红外有强烈反射，而裸地反射率从红光到近红外变化很小。植被覆盖度越高，红光反射越小，近红外反射越大。由于对红光的吸收很快饱和，只有近红外反射的增加才能反映植被增加。任何增强近红外和红光差别的数学变换都可以作为植被指数来描述植被状况。多数植被指数都是利用此原理构建的，如比值植被指数、差值植被指数和均一化植被指数。然而，由于水体对红光和近红外波段吸收极强，土壤含水量是影响土壤反射率的主要因素，土壤含水量越高，反射率越低，反之亦然。因此，一定形式的可见光、近红外波段组合不仅可以用来监测植被长势和地表覆盖状况，还可以用于土壤水分估算。这是因为可见光、近红外光谱指数能够反映植被覆盖，同时对土壤含水量敏感，有利于从植被和土壤水分的角度分析地表旱情。Landsat ETM+数据拥有一个红光波段（band 3：630～690nm）和三个红外波段，近红外波段中第四波段（band 4：775～900nm）为植被的强反射区。为了有效分离植被和土壤的信息，考虑到植被和土壤的反射特征，利用 ETM+第三波段和第四波段大气校正后的反射率，在研究区中，选择地表覆盖类型比较全面的样区（包含的地表覆盖类型有水体、植被、具有不同水分状况的裸地等），建立了 NIR-Red 特征空间。地表的光谱特征与地表覆盖和土壤水分存在着复杂而又密切的关系。研究它们之间的关系与规律，可产生基于地表光谱特征的地表土壤水分监测模型，该方法直接用光谱特征代替了 Albedo 和 LST 的反演，既简单又有效。

3. Albedo-NDVI 特征空间

观测与模拟实验已经证明地表反照率的变化将影响地表辐射平衡，同时也直接影响地表温度。地表反照率随着植被覆盖度、土壤水分、地表粗糙度的变化而变化，植被覆盖度的变化、土壤水分的盈亏，将改变地表能量平衡，致使地表反照率发生变化，即改变地表感热通量和潜热通量的分配，从而间接地影响地表温度。反照率包含可见光至短波红外的全部信息，不仅有植被对水体最敏感的短波红外波段，还有对植被反映最好的可见光波段。此外，反照率产品和 NDVI 数据产品具有相同的空间分辨率，不需要像地表温度产品一样通过重采样统一温度和 NDVI 数据的空间分辨率。在 LST-NDVI 特征空间中可以用 Albedo 代替 LST，构成 Albedo-NDVI 特征空间，Albedo-NDVI 特征空间与 LST-NDVI 特征空间具有相同的生态学内涵，能够反映地表能量流动与物质的转换过程，能够区分地表覆盖及动态变化。除此之外，Albedo 的反演比 LST 的反演简单、准确。

7.2　农田地表温度遥感反演

作为陆地卫星数据连续性任务（landsat data continuity mission, LDCM）的重要组成部分，Landsat 8 于 2013 年 2 月发射成功，其搭载两个载荷：可操作型陆地成像仪（operational land imager, OLI）和热红外传感器（thermal infrared sensor, TIRS）。其中，在热红外遥感方面，TIRS 使用量子阱红外探测器（quantum well infrared detector）进行地表热辐射探测（Irons et al.，2012），并在劈窗波段范围设置了两个通道（10.6～11.19μm 和 11.5～12.51μm），波段宽度窄于 TM 和 ETM+热红外通道（表 7-1），因此，有利于发展劈窗算法进行地表温度反演。同时，TIRS

采用线阵扫描方式代替原有 Landsat 采用的光机扫描方式，使得不同像元对应的观测时间相同，消除了观测时间差异导致的温度误差（Tomlinson et al.，2011）。

表 7-1　Landsat 8 与 Landsat 7 波段设置比较

Landsat 8			Landsat 7		
波段号	波长范围/μm	空间分辨率/m	波段号	波长范围/μm	空间分辨率/m
1	0.43～0.45	30			
2	0.45～0.51	30	1	0.45～0.52	30
3	0.53～0.59	30	2	0.52～0.60	30
4	0.64～0.67	30	3	0.63～0.69	30
5	0.85～0.88	30	4	0.77～0.90	30
6	1.57～1.65	30	5	1.55～1.75	30
7	2.11～2.29	30	7	2.09～2.35	30
8	0.50～0.68	15（全色）	8	0.52～0.90	15（全色）
9	1.36～1.38	30			
10	10.60～11.19	100	6	10.40～12.50	60（分高增益与低收益）
11	11.50～12.51	100			

基于辐射传输理论，在无云大气和局地热平衡条件下，卫星获取的大气层顶通道辐射 $B_i(T_i)$ 可以近似表示为（Li et al.，2013；Cho et al.，2013）

$$B_i(T_i) = [\varepsilon_i B_i(T_s) + (1-\varepsilon_i)R_{atm\_i}^{\downarrow}]\tau_i + R_{atm\_i}^{\uparrow} \tag{7-1}$$

式中，ε_i 为通道 i 的地表发射率；$B_i(T_s)$ 为在地表温度为 T_s 时，由普朗克函数计算的黑体辐亮度；$R_{atm\_i}^{\uparrow}$ 和 $R_{atm\_i}^{\downarrow}$ 分别为大气上行、下行热辐射；τ_i 为通道 i 的大气有效透过率。

劈窗算法是利用 11μm 和 12μm 两个相邻热红外波段的亮温数据的线性或非线性组合来消除大气影响，并获取地表温度（LST）。劈窗算法不需要卫星过境时精确的大气廓线信息，故被广泛地应用在多种传感器上。Wan（2014）提出了一种新式的普适性劈窗算法，在原有的普适性劈窗算法中加入了两个相邻通道亮温差的二次式。该算法也适合于 Landsat 8 地表温度的反演，可表示为

$$T_s = b_0 + \left(b_1 + b_2\frac{1-\varepsilon}{\varepsilon} + b_3\frac{\Delta\varepsilon}{\varepsilon^2}\right)\frac{T_i+T_j}{2} + \left(b_4 + b_5\frac{1-\varepsilon}{\varepsilon} + b_6\frac{\Delta\varepsilon}{\varepsilon^2}\right)\frac{T_i-T_j}{2} + b_7(T_i-T_j)^2$$

$$\tag{7-2}$$

式中，T_i 和 T_j 分别为测量的通道 i（约 11.0μm）和 j（约 12.0μm）大气层顶温道；

ε 为两相邻通道的发射率平均值，$\varepsilon = (\varepsilon_i + \varepsilon_j) / 2$；$\Delta\varepsilon$ 为两相邻通道的发射率差值，$\Delta\varepsilon = \varepsilon_i - \varepsilon_j$；$b_k$ $(k = 0,1,2,\cdots,7)$ 为算法系数，可以通过模拟数据获取。

结合发展的地表温度反演算法及像元发射率、水汽含量获取方法，地表温度反演技术流程主要包括：①数据输入与预处理，主要功能包括读取 Landsat 8 的光学与热红外影像，并进行辐射定标处理，计算出 TIRS 两个热红外通道的亮温，以及光学影像红光和近红外的地表反射率；②关键参数与劈窗算法模块，基于上一模块传递的热红外通道亮温，利用改进型劈窗协方差-方差比值法反演水汽含量，利用光学反射率估算像元植被覆盖度，进而基于地表分类产品估算像元发射率，并将水汽和发射率输入劈窗算法中；③利用劈窗算法计算地表温度，加入地理坐标、投影等头文件信息，输出地表温度数据（Li et al.，2016；Windahl et al.，2016）。

7.3　农田植被净初级生产力遥感反演

陆地生态系统碳循环是全球碳循环研究中最重要的组成部分，同时也是全球变化科学研究的核心科学问题，在全球碳收支研究中占有重要地位。陆地生态系统净初级生产力（NPP）是衡量绿色植物通过光合作用固定太阳能和生产有机物的效率指标，是计算生态系统中绿色植物物质循环的基础数据。NPP 的模拟是研究区域甚至全球尺度初级生产力、估算碳通量的空间分布信息及预测生态环境变化的重要手段，是碳循环中较重要的环节之一，直接关系到植被对大气 CO_2 的固定，并进一步影响碳循环的其他环节。

NPP 指单位时间、单位面积上由植被光合作用产生的有机物质总量扣除呼吸消耗后的剩余量，反映了植物群落在自然环境条件下的生产能力。NPP 估算模型主要包括气候生产力模型、过程模型和光能利用率模型。气候生产力模型是利用气候因子同实测 NPP 进行统计分析，建立回归模型进行外推，这类模型的优点是建立在大范围上的观测数据，适合估算大区域的 NPP，但在大范围内建立的统计关系在估算特定区域的NPP时误差较大;过程模型建立在植物生理生态学基础上，从机理上对植物的生物物理机制进行分析和模拟，因此估算的 NPP 比较准确，但过程模型需要输入的参数过多，有些参数常常有一定的地域限制，且获取困难，这给模型的推广带来极大的不便；近些年，有学者提出了光能利用率模型，并试图使用全覆盖的遥感数据来估算 NPP，便于推广研究区范围，提高了 NPP 的估算效率，而且能够实现 NPP 的快速监测，成为目前 NPP 估算的主要手段，本节主要介绍光能利用率模型。

光能利用率（light use efficiency, LUE）是单位面积上生产的干物质所包含的化学潜能与同一时间投射到该面积上的光合有效辐射能的比值。光能利用率模型认为植物生长是资源可利用性的组合体，在环境因子变化迅速植物还来不及适应的情况下，NPP 受最紧缺资源的限制。随着遥感技术的发展，植物吸收的光合有效辐射已经可以利用遥感信息进行估算。研究人员在此基础上提出了光能利用率模型，该模型把植被 NPP 看作植被吸收的光合有效辐射和光能利用率的积累，基于遥感数据的光能利用率模型——CASA（Camegie-Ames-Stanford approach）模型便是此类模型的代表。光能利用率模型可以用 Monteith（1972）方程来表示：

$$NPP = APAR \times \varepsilon \tag{7-3}$$

式中，APAR 为植被吸收的光合有效辐射，由植被光合有效辐射和植被对光合有效辐射的吸收比例求取；ε 为植被的光能利用率，它受温度、降水和植被类型等影响。

7.4　农田植被覆盖度遥感反演

植被覆盖度（fractional vegetation cover, FVC）被公认为评价土地荒漠化的最为有效的指标（Kefauve et al.，2017；Wang et al.，2015）。农田植被覆盖度是指植被（包括叶、茎、枝）在地面的垂直投影面积占统计区面积的百分比。研究农田植被覆盖度的意义主要在于：①农田植被覆盖度是水土流失的控制因子之一，农田植被覆盖度的高低很大程度上决定着水土流失的强度；②农田植被覆盖度与植被蒸散有着密切的联系，而植被蒸散是能量平衡与水分平衡的重要组成部分，是土壤-植被-大气系统水热通量传输中的一个过程，蒸散监测需要根据不同的植被覆盖度采用不同的方法；③研究农田植被覆盖度还具有重要的生态学意义，许多全球及区域气候数值模型中都需要植被覆盖度的信息，它是生态环境监测和指示生态系统变化的重要指标（Chou et al.，2017）。

遥感影像一个单像元的 NDVI 主要由土壤和植被两部分组成。在一个单像元中，可以有三种植被和土壤的组合情况：纯植被像元，该像元全部被植被覆盖；混合像元，植被和土壤各占一定比例；纯土壤像元，无植被的土壤像元。假设纯植被的 NDVI 值为 $NDVI_{vege}$，纯土壤的 NDVI 值为 $NDVI_{soil}$，在一个单像元中的植被覆盖度为 FVC，则相应的土壤所占比为 1-FVC。因此，遥感影像一个单像元的 NDVI 值可表达为式（7-4），由此，可推导出植被覆盖度［式（7-5）］。

$$NDVI = FVC \times NDVI_{vege} + \left(1 - FVC\right) \times NDVI_{soil} \tag{7-4}$$

$$FVC = \left(NDVI - NDVI_{soil}\right) / \left(NDVI_{vege} - NDVI_{soil}\right) \tag{7-5}$$

对于小于 0.05 的 NDVI 值，FVC = 0；对于大于等于 0.6 的 NDVI 值，FVC = 1。从式（7-5）中可以看出，FVC 值是像元 NDVI 值与完全无植被覆盖的土壤 NDVI 值（一般情况下小于 0.05）的差值与纯植被 NDVI 值（一般情况大于等于 0.6）与完全无植被覆盖的土壤 NDVI 值的差值的比值，经过这样计算后，实际上是将原 NDVI 值[-1, 1]中反映植被变化的[0.05, 0.6]部分提出后，分配到[0, 1]，拉伸了植被覆盖度变化信息，这种拉伸主要是排除了非植被及纯植被无变化地区的影响。

7.5 农田地表比辐射率遥感反演

地表比辐射率是精确反演地表温度的重要因子，因为普朗克定律能够有效地预测地表向大气传输的辐射能量，被广泛应用于地表与大气之间的能量交换过程、天气预报、全球洋流循环、气候变化等众多领域。地表比辐射率作为地表的固有特性，受地表覆盖类型、地表粗糙度、土壤水分、土壤有机质、植被密度和结构等影响。事实上，农田地表比辐射率无论在实验室还是在野外，特别是要大面积连续精准测定其值，困难都较大，由于卫星遥感有较好的全球覆盖度和时间重复特性，反照率的空间观测即利用卫星遥感资料进行反演，受到研究者的关注。

农田地表比辐射率遥感反演方法可分为单波段法和多波段法（柳菲，2012）。单波段法主要针对 TM/ETM+等陆地卫星只有单个热红外波段的遥感数据，具有较高的空间分辨率。一般比辐射率的获取需要经过三个步骤：一是辐射定标，将图像亮度值（digital number, DN）转换为辐照度值；二是精确的大气纠正，去除大气辐射影响；三是地表比辐射率信息提取。单波段法典型代表为 Van De Griend 和 Owe（1993）提出的植被指数法，主要根据植被的面积与 NDVI 线性相关性，建立地表比辐射率和 NDVI 之间的统计关系模型，该方法所采用的 NDVI 值范围为 0.157～0.727。而多波段法主要针对 ASTER、MODIS 等空间传感器都带有多个热红外波段，如 ASTER 在 8～12μm 区域有 5 个热红外波段，MODIS 在 3.5～4.2μm 和 8～13.5μm 区域有若干热红外波段，利用地物和大气波谱信息提取地表比辐射率，将温度和比辐射率信息分开。多波段法典型代表为 Gillespie（1985）提出的比辐射率归一化法，也叫黑体曲线拟合方法，该方法弹性较大，能够选择最合适的波段作为比辐射率值最高的波段，适合更加复杂的地物光谱，算法中最大的比辐射率值是固定的，可以根据需要分配给不同波段。该方法的反演效果主要取决于假定的最大比辐射率值的合理性。

参 考 文 献

曹志洪, 周健民, 2008. 中国土壤质量[M]. 北京: 高等教育出版社, 2008.

范闻捷, 徐希孺, 2005. 陆面组分温度的综合反演研究[J]. 中国科学: 地球科学, 35(10): 989-996.

韩丽娟, 王鹏新, 王锦地, 等, 2005. 植被指数-地表温度构成的特征空间研究[J]. 中国科学: 地球科学, 35(4): 371-377.

吉林省土壤肥料总站, 1998. 吉林土壤[M]. 北京: 中国农业出版社.

贾敬敦, 2013. 中国农业应对气候变化研究进展与对策[M]. 北京: 中国农业科学技术出版社.

刘嘉麒, 李泽椿, 秦小光, 2007. 东北地区有关水土资源配置、生态与环境保护和可持续发展的若干战略问题研究[M]. 北京: 科学出版社.

柳菲, 2012. 地表比辐射率遥感反演方法研究[D]. 武汉: 湖北大学.

王振龙, 高建峰, 2006. 实用土壤墒情监测预报技术[M]. 北京: 中国水利水电出版社.

Cho A R, Suh M S, 2013. Evaluation of land surface temperature operationally retrieved from Korean geostationary satellite(COMS) data[J]. Remote Sensing, 5(8): 3951-3970.

Chou S, Chen J M, Yu H, et al., 2017. Canopy-level photochemical reflectance index from hyperspectral remote sensing and leaf-level non-photochemical quenching as early indicators of water stress in maize[J]. Remote Sensing, 9(8): 794.

Gillespie A R, 1985. Lithologic mapping of silicate rocks using TIMS[C]. In the TIMS Data Users' Workshop, Jet Propulsion Laboratory Publication: 29-44.

He B B, Xing M F, Bai X J, 2014. A synergistic methodology for soil moisture estimation in an alpine prairie using radar and optical satellite data[J]. Remote Sensing, 6(11): 10966-10985.

Irons J R, Dwyer J L, Barsi J A, 2012. The next Landsat satellite: the Landsat data continuity mission[J]. Remote Sensing of Environment, 122(7): 11-21.

Jagdhuber T, Hajnsek I, Bronstert A, et al., 2013. Soil moisture estimation under low vegetation cover using a multi-angular polarimetric decomposition[J]. IEEE Transactions on Geoscience and Remote Sensing, 51(4): 2201-2215.

Kefauve R S C, Vicente R, VE Rga R A O, et al., 2017. Comparative UAV and field phenotyping to assess yield and nitrogen use efficiency in hybrid and conventional barley[J]. Frontiers in Plant Science, 8: 1733.

Lambin E F, Ehrlich D, 1996. The surface temperature vegetation index space for land cover and land cover change analysis[J]. International Journal of Remote Sensing, 17(3): 463-487.

Li Z L, Duan S B, Tang B H, et al., 2016. Review of methods for land surface temperature derived from thermal infrared remotely sensed data[J]. Journal of Remote Sensing, 20(5): 899-920.

Li Z L, Tang B H, Wu H, et al., 2013. Satellite-derived land surface temperature: current status and perspectives[J]. Remote Sensing of Environment, 131(4): 14-37.

Louargant M, Villette S, Jones G, et al., 2017. Weed detection by UAV: simulation of the impact of spectral mixing in multispectral images[J]. Precision Agriculture, 18: 932-951.

Monteith J L, 1972. Solar radiation and productivity in tropical ecosystems[J]. Applied Ecology, 9(3): 747-766.

Seneviratne S I, Corti T, Davin E L, et al., 2010. Investigating soil moisture-climate interactions in a changing climate: a review[J]. Earth-Science Review, 99(3-4): 125-161.

Tomlinson C J, Chapman L, Thornes J E, et al., 2011. Remote sensing land surface temperature for meteorology and climatology: a review[J]. Meteorological Applications, 18(3): 296-306.

Van De Griend A A, Owe W, 1993. On the relationship between thermal emissivity and the normalized difference vegetation index for natural surface[J]. International Journal of Remote Sensing, 14(6): 1119-1131.

Wan Z M, 2014. New refinements and validation of the collection-6 MODIS Land-surface temperature/emissivity product[J]. Remote Sensing of Environment, 140(1): 36-45.

Wang K, Zhou Z F, Liao J, et al., 2015. The application of high resolution SAR in mountain area of Karst Tobacco Leaf Area index estimation model[J]. Journal of Coastal Research, 73: 415-419.

Windahl E, Beurs K D, 2016. An intercomparison of Landsat land surface temperature retrieval methods under variable atmospheric conditions using in situ skin temperature[J]. International Journal of Applied Earth Observation and Geoinformation, 51: 11-27.

Yue J B, Yang G J, Tian Q J, et al., 2019. Estimate of winter-wheat above-ground biomass based on UAV ultrahigh-ground-resolution image textures and vegetation indices[J]. ISPRS Journal of Photogrammetry and Remote Sensing, 150: 226-244.

第8章 遥感反演地面验证数据获取方法

地面定位半定位测量数据是农业定量遥感模型构建与精度验证的重要数据支撑，在定量化遥感地学分析中占有重要地位。本章将对主要农业生态环境参数如地物光谱、土壤含水量、地表温度、太阳辐射、叶面积指数、地表生物量、叶绿素含量、光合作用、无人机航拍数据获取等进行介绍。

8.1 地物光谱测量

传统的多光谱遥感只在几个离散的波段以不同的波段宽度（常为 10～20nm）来获取影像，这样就丢失了大量对地物识别有用的光谱吸收特征信息（Goetz et al.，1985）。而高光谱遥感则利用很多窄的波段（光谱分辨率一般小于 10nm）成像，将观测到的各种地物以完整的光谱曲线记录下来。地物的光谱特性与其内在的理化特性紧密相关，由于物质成分和结构的差异，物质内部对波长光子的选择性吸收和发射不同。因此，这些连续的光谱信息能够用来探测地物的生物物理化学特性（何挺等，2002）。

在野外地物光谱中，一般是测量目标双向反射率因子（bidirectional reflectance factor, BRF），它是通过测量相同照射和观测条件下目标反射的辐亮度和朗伯体反射的辐亮度。传感器接收地表的辐射能是一个复杂的物理过程，受多种因素的影响，测量的时间、光照条件（太阳高度角、太阳方位角）、大气特性和稳定性（云、风）、仪器视场角，以及扫描速度等因素都会直接影响所测结果的准确性。为了测定目标的反射率或辐射率，需要测量两类光谱辐射值：一类为参考光谱或称标准白板，是从近似完美的漫辐射体（朗伯体）——标准白板上测得的光谱；另一类为样本光谱或目标光谱，是从所测目标物上测得的光谱。

野外光谱测量需要注意以下四方面：一是光照条件，地物所接收到的辐射由直接的太阳光辐射、天空光（漫射光）的辐射、目标物周围各种地物所辐射的能量所组成。因此，在测量时应尽量避开阴影和反射体，并要求测量人员着深色服装，尽量远离测点。二是大气特征，地物的光谱特征是地物通过与到达地面的太阳辐射相互作用后形成的。太阳辐射在大气中传输会产生选择性吸收和散射，使得不同波长的电磁波发生不同程度的能量衰减。因此，测量时刻的大气特性直接影响着所测结果的精度，如大气传输、云的影响、风的影响。这就要求在测量过程中，在与获取遥感影像数据近似的光照条件下采集野外地物光谱，即进行同步或准同步的测量；野外光谱测量时间内风力小于 5 级，对植物测量时风力小于 3 级；对一般无严重大气污染地区，测量时的水平能见度要求不小于 10km；云量低，无卷云、浓积云等，光照稳定等。三是地物目标特性，由于植被冠层是一个复杂的三维几何体，其辐射特性随着入射方向和观测方向的变化而变化，是外部辐射与植被冠层中散射和吸收介质（主要为叶片）发生相互作用的结果，在野外测量植被的光谱曲线时必须严格控制光线照射和观测的角度，只有这样，植被本身的光谱反射率变化才有可能被探测到。四是仪器硬件参数，仪器的选择取决于野外光谱采集的目的。如果是为了航天和航空遥感影像的解译或光谱重建采集光谱数据，那么地面光谱测量仪器的波长范围、光谱分辨率、采样间隔、测量精确度等硬件参数指标应优于遥感传感器相应参数配置。

　　野外地物光谱测量是一个需要综合考虑各种光谱影响因素的复杂过程，所获取的光谱数据是太阳高度角、太阳方位角、云、风、相对湿度、入射角、探测角、仪器扫描速度、仪器视场角、仪器的采样间隔、光谱分辨率、坡向、坡度及目标本身光谱特性等各种因素共同作用的结果。试验前要根据试验的目标与任务制订相对应的试验方案，排除各种干扰因素对所测结果的影响，使所得的光谱数据尽量反映目标本身的光谱特性，并在观测时详细记录环境参数、仪器参数及观测目标（如土壤、植被、人工目标）的辅助信息（闫锦城等，2005）。只有这样，所测结果才是可靠的并具有可比性，为以后的图像解译和光谱重建提供依据。在实际测量光谱时，应注意时间选择、采样方法、观测、光线照射的角度等，并详细记录辅助参数。辅助参数应包括仪器技术指标、标准参考板参数、环境参数（地形和地貌的描述如坡度坡向，观测时刻大气和光照状况的描述如太阳高度角、风速、风向等，目标物所处的经纬度等）、测量单位和测量时间等。另外，描述观测目标性质的辅助参数也是至关重要的，如植物的学名、土壤或植被等的含水量、土壤的质地和松紧度、植被的生长期和覆盖度、目标物周围植被等。

1. 地物光谱测量原理与规范

　　反射率（reflectance）定义为物体反射能量与入射能量的比值。光谱反射率（spectral reflectance）为某个特定波长间隔下测定的物体反射率，连续波长测定的物体反射率曲线构成反射率光谱（refletance spectrum），其定义如下：

$$\rho=\frac{\pi L}{E} \tag{8-1}$$

式中，E 为到达物体表面的入射辐照度值（irradiance）；L 为物体表面反射的辐亮度值（radiance）。

　　由于测定方式的差异，反射率光谱又可以根据入射能量的照明方式及反射能量测定方式给定如下四种定义。

　　1）方向-方向反射率光谱

　　入射能量照明方式为平行直射光，没有或可以忽略散射光；光谱测定仪器仅测定某个特定方向的反射能量。地物双向反射特性主要就是研究方向-方向反射率光谱。晴天条件下，以太阳光为照明光源，利用野外便携式地物光谱仪测定的地物反射率光谱可以近似为方向-方向反射率光谱。方向-方向反射率光谱的定义与双向反射分布函数（bidirectional reflectance distribution function, BRDF）基本一致，其定义如下：

$$\rho(\theta_i, \phi_i, \theta_r, \phi_r) = \frac{\pi L(\theta_r, \phi_r)}{E(\theta_i, \phi_i)} \tag{8-2}$$

式中，θ_i、ϕ_i、θ_r、ϕ_r 分别为入射方向的天顶角和方位角及观测方向的天顶角和方位角；$E(\theta_i, \phi_i)$ 为 (θ_i, ϕ_i) 方向直射辐射的辐照度值；$L(\theta_r, \phi_r)$ 为传感器在观测方向 (θ_r, ϕ_r) 测定的物体表面的辐亮度值。

　　需要注意的是，式（8-2）定义的方向-方向反射率光谱测定要求其他入射方向没有任何散射光。

　　2）半球-方向反射率光谱

　　入射能量在 2π 半球空间内均匀分布，光谱测定仪器仅测定某个特定方向的反射能量。全阴天条件下，以太阳散射光为照明光源，利用野外便携式地物光谱仪测定的地物反射率光谱就可以近似为半球-方向反射率光谱，其定义如下：

$$\rho(\theta_r, \phi_r) = \frac{\pi L(\theta_r, \phi_r)}{E_d} = \frac{\pi L(\theta_r, \phi_r)}{\int_0^{2\pi} \int_0^{\pi/2} E(\theta_i, \phi_i) \cos\theta_r \sin\phi_r \mathrm{d}\theta_i \mathrm{d}\phi_i} \tag{8-3}$$

式中，E_d 为 2π 半球空间内到达物体表面所有辐照度值的总和。

　　3）方向-半球反射率光谱

　　入射能量照明方式为平行直射光，没有或可以忽略散射光；光谱测定仪器测定的是 2π 半球空间的平均反射能量。利用积分球原理测定的物体反射率光谱就是方向-半球反射率光谱，其定义如下：

$$\rho(\theta_r, \phi_r) = \frac{\pi L_u}{E(\theta_i, \phi_i)} = \frac{\int_0^{2\pi} \int_0^{\pi/2} L(\theta_r, \phi_r) \cos\theta_r \sin\phi_r \mathrm{d}\theta_i \mathrm{d}\phi_i}{2 E(\theta_i, \phi_i)} \tag{8-4}$$

式中，L_u 为 2π 半球空间内表面反射的平均辐亮度值。

4）半球-半球反射率光谱

入射能量在 2π 半球空间内均匀分布，光谱测定仪器测定的是 2π 半球空间的平均反射能量。若入射能量不严格要求在 2π 半球空间内均匀分布，半球-半球反射率光谱就是地物反照率光谱。半球-半球反射率光谱的定义如下：

$$\rho = \frac{\pi L_u}{E_d} \tag{8-5}$$

上述四种反射率定义是从反射率光谱测量角度考虑的，尽管其定义不一定完善，但各种定义的反射率光谱有各自的特定遥感用途。由于诸多客观条件限制，很难测定四种定义的理想反射率光谱。航空和卫星光学遥感技术获取的是地物某些特定观测方向的反射太阳光能量，可以近似为方向-方向反射率数据，因此，目前国内外遥感应用研究采用的主要数据源还是方向-方向反射率数据。

2. 野外地物方向反射率光谱数据测定和处理方法

由于大多数传感器测定的是方向反射率光谱数据，因此，以下重点介绍野外条件下，以太阳为光源的方向反射率光谱数据的测定原理和处理方法，这些原理和方法对于室内非太阳光源的方向反射率光谱测量也具有一定参考意义。野外地物方向反射率光谱测定包括如下步骤：一是太阳辐照度（solar irradiance）光谱测定；二是野外地物方向反射率光谱测定。

1）太阳辐照度光谱测定

太阳辐照度光谱近似为 5900K 的黑体辐射，大气顶层测定的总辐照度大约为 1370 W/m^2，其中，可见光波段范围内的辐照度占 50%左右。太阳电磁波穿过太阳大气和地球大气时，与大气分子发生相互作用，导致特定波段上的光谱被吸收，吸收位置取决于大气化学组成。典型海平面处的太阳辐照度光谱曲线在 1900nm、1400nm、950nm 和 760nm 波段附近有很强的地区大气中的水汽、二氧化碳、氧气的光谱吸收特征，此外，在 656nm、434nm、410nm 等波段附近还能观测到太阳大气吸收造成的 Fraunhofer 暗线。

$$E_d = E_{dir} + E_{dif} = E_0 \times \cos\theta_s \times t_s \times \int_0^{2\pi} \int_0^{\pi/2} L_{sky}(\theta,\phi)\cos\theta\sin\phi \mathrm{d}\theta\mathrm{d}\phi \tag{8-6}$$

式中，E_{dir} 和 E_{dif} 分别为太阳直射光和散射光的辐照度；E_0 为地球大气外层的太阳辐照度，θ_s 为太阳天顶角；t_s 为大气透过率；$L_{sky}(\theta,\phi)$ 为地表上半空间的天空散射光。E_{dir} 和 E_d 的比值就是天空散射光比例，即

$$f_{dif} = E_{dif} / E_d \tag{8-7}$$

严格意义上说，式（8-5）和式（8-6）没有考虑地表和大气交差散射的影响，从地表反射到大气并再次被大气反射到地表的散射光被忽略了。因此，地表辐照度可以修正为

$$E_d^* = \frac{E_d}{1 - s\rho^*} \qquad (8\text{-}8)$$

式中，s 为从地表方向观测到的大气边界的等效反射率；ρ^* 通常为 200m 半径范围内的周围地表反射率（与大气状况有关）。s 的大小与大气状况紧密相关，晴空条件下 s 非常小，可以忽略，而浑浊天气条件下 s 的取值要大一些。E_d 为不考虑地表和大气交差散射影响时的太阳辐射度，而 E_d^* 则是考虑地表和大气交差散射影响的太阳辐射度，E_{dif}^*、f_d^* 也同理。

实际上，地表和大气相互作用所增加的辐照度可以近似为天空散射光，因此，式（8-5）和式（8-6）可以修正如下：

$$E_d^* = E_{\text{dir}} + E_{\text{dif}}^* = E_{\text{dir}} + \frac{s\rho^* E_{\text{dir}} + E_{\text{dif}}}{1 - s\rho^*} \qquad (8\text{-}9)$$

$$f_d^* = f_d + (1 - f_d)s\rho^* \qquad (8\text{-}10)$$

2）野外地物方向反射率光谱测定

野外条件下 E_d 或 E_d^* 的测定可以借助一个标定好的朗伯体作为反射参考板，利用便携式地物光谱仪测定参考板的辐亮度光谱，从而计算太阳光源到达地表的辐照度光谱。太阳辐照度光谱计算如下：

$$E_d^*(\lambda) = \frac{\pi L_{\text{Re}f}(\lambda)}{\rho_{\text{Re}f}(\lambda)} \qquad (8\text{-}11)$$

式中，$L_{\text{Re}f}(\lambda)$ 为光谱仪测定的朗伯体参考板反射的辐亮度；$\rho_{\text{Re}f}(\lambda)$ 为朗伯体参考板的反射率。

根据方向反射率定义和公式，太阳辐照度光谱测定后，只要同步测定目标反射的辐亮度光谱，就可以计算目标的光谱反射率，即

$$\rho_t(\theta_r, \phi_r, \lambda) = \frac{\pi L_t(\theta_r, \phi_r, \lambda)}{E_d^*} = \frac{L_t(\theta_r, \phi_r, \lambda)}{L_{\text{Re}f}(\theta_r, \phi_r, \lambda)} \rho_{\text{Re}f}(\lambda) \qquad (8\text{-}12)$$

式中，$L_t(\theta_r, \phi_r, \lambda)$ 为光谱仪在 (θ_r, ϕ_r) 方向观测到的目标辐亮度光谱；$\rho_t(\theta_r, \phi_r, \lambda)$ 为计算的野外地物方向反射率光谱。

野外地物方向反射率光谱测定注意事项如下。方向反射率光谱数据依赖于光谱测定条件，如直射/散射光比例、直射光方向、观测方向、地物尺度效应及观测

对象个体和群体特点等，因此野外地物光谱测定时不仅需要准确记录和获取这些属性数据，还要尽量不破坏现场条件，包括成像条件和观测对象。为了确保野外地物方向反射率光谱数据的准确、客观、可靠，在光谱测定时需要考虑：①尽可能避免试验人员和仪器对太阳入射光的影响：测量人员或仪器要面向太阳，不能阻挡太阳直射光；尽量减小测量人员或仪器相对于观测对象在上半空间的立体角，即减少测量人员和仪器设备阻挡的天空散射光；测量人员着深色装，测量仪器要涂黑或用深色物包裹，降低测量人员/仪器与观察对象的交叉辐射影响。②观测范围选取时要观测对象的尺度效应：避免盲人摸象现象，以行播作物的冠层光谱测定为例，观测范围要覆盖 3～5 个行距。③室内分析的取样对象要与观测对象保持一致：特别是植被地物，一是要保证取样范围与光谱测定范围一致，另外要考虑植被的呼吸和光合作用对生理生化指标的影响，尽可能地保证室内分析时植物样品的生理生化状态与光谱测定时一致。④测定天空散射光信息：明确直射光和散射光对入射能量的贡献。⑤参考板和观测对象的反射光谱测定要同步：由于野外气象条件的瞬变特性，特别是风、云对太阳入射能量的影响，要尽可能保证参考板和观测对象的光谱测定的同步，避免天气变化造成的反射率光谱数据误差。⑥记录现场天气条件和观测对象的详细描述，并辅以现场照片。

3. 地物半球反射率光谱数据测定原理和处理方法

半球反射率光谱数据测定需要辅助实验装置才能完成。积分球是一种广泛采用的半球反射率光谱测定的实验辅助装置。半球反射率光谱计算如下：

$$\sigma_t(\lambda) = \frac{\pi L_t(\lambda)}{E_s(\lambda)} = \frac{L_t(\lambda)}{L_{\mathrm{Ref}}(\lambda)} \rho_{\mathrm{Ref}}(\lambda) \tag{8-13}$$

式中，$L_t(\lambda)$ 为测定样品反射的半球空间内的光谱辐亮度；$L_{\mathrm{Ref}}(\lambda)$ 为测定朗伯体参考板反射的光谱辐亮度；$\rho_{\mathrm{Ref}}(\lambda)$ 为朗伯体参考板的光谱反射率；$E_s(\lambda)$ 为积分球照明光源的光谱辐照度。

4. 地物光谱测量规范

一套科学、严格、有效的光谱测量规范，是所获光谱数据质量的根本保证。

1）仪器的检验与标定

（1）按地物光谱仪的标称精度对光谱分辨率、中心波长位置、信噪比等主要参数进行定期检验（交国家授权的检测机构进行）。

（2）对漫反射标准参考板，每半年需重新标定一次，以确保反射比参数的客观准确。

（3）观测过程中，每半小时左右进行一次光谱仪暗电流测定，及时校正仪器噪声对观测结果的影响。

2）观测时间与气象条件

（1）观测时段规定为地方时（北京地区即为北京时间）9:30～15:30以确保足够的太阳高度角。

（2）观测时段内的气象要求为：地面能见度不小于10km；太阳周围90°立体角范围内淡积云量应小于2%，无卷云和浓积云等；风力应小于3级。

3）人员着装与操作程序

（1）为减少测量人员自然反射光对观测目标的影响，观测人员应身着无反光亮条的服饰。

（2）观测过程中，观测员应面向太阳站立于目标区的后方，记录员等其他成员均应站立在观测员身后，避免在目标区两侧走动。

（3）转向新的观测目标区时，观测组全体成员应面向太阳接近目标区，杜绝践踏观测区，测试结束后应沿进场路线退出目标区。

（4）观测时探测头应保持垂直向下，即与机载成像光谱仪观测方向保持一致，注意观测目标的双向反射性影响（图8-1）。

（5）在地物光谱仪的输出光谱数据设置项中，每条光谱的平均采样次数应不小于10；测定暗电流的平均采样次数不小于20。

（6）对同一目标的观测次数（记录的光谱曲线条数）应不小于10，每组观测均应以测定参考板开始，最后以测定参考板结束。特殊情况下，当太阳周围90°立体角范围内有微量漂移的淡积云，光照亮度不够稳定时，应适当增加参考板测定密度。

（a）高光谱成像光谱仪

（b）地物光谱仪

图 8-1　野外测量地物光谱（彩图见书后）

4）观测对象、目标选定、影像记录、标记和定位

（1）依据高光谱遥感作物营养诊断这一主目标，田间光谱测量的主要观测对象为包含土壤背景在内的作物冠层。除此以外，为研究土壤背景对冠层综合视场的光谱贡献和纯植冠或叶片光谱对不同生化组分含量的光谱响应，裸露土壤和无背景干扰的植冠或叶片（田间活体）也被列为专题观测对象。

（2）观测目标的选定应能准确反映观测对象所处状态的自然特性，如避免在肥水处理水平低的区域选定长势好得反常的目标作为观测对象。

（3）为确保观测对象与采样对象的严格一致性，完成对当前目标的光谱测量后，应及时在观测区域中心做易识别标记，并注明编号。

（4）对所有田间观测目标，均要拍摄照片（数码或胶片），以真实记录目标状态。拍摄要求为：投影姿态与光谱仪探头一致，照片边框短边长度略大于光谱仪观测视场直径，并在照片的短边视场边缘放置刻度清晰的长度标尺，以便准确估计光谱测量视场范围。

（5）与航空成像光谱仪同步进行地面光谱测量时，应对当天所有观测区的中心位置用亚米级的动态差分 GPS 定位，保证地面光谱观测点在高光谱遥感图像上精确配准。

（6）用于高光谱遥感图像辐射校正的飞行同步场地定标光谱测量，应与飞行过境时间保持高度的一致性，最大滞后时差不得超过 10min。

5）光谱测量与同步采样

光谱测量与同步采样的操作程序定义为：光谱测量组完成某观测点光谱测量，并拍摄照片后，将带有点位编号的标志旗插在观测视场中心；农学采样组在光谱测量组离开 20min 内，按既定采样科目完成农学采样，按标志旗给定编号记录。

与机载成像光谱数据获取同步进行（简称飞行同步）的光谱测量与同步采样，必须精确测定观测点的位置，定位精度与成像光谱数据的空间分辨率有关。为确保地面非成像光谱观测点及农学采样点在成像光谱图像上精确配准，一般要求地面观测点定位误差小于成像光谱图像空间分辨率的一半，即

$$m_p \leqslant \frac{I_s}{2} \tag{8-14}$$

式中，m_p 为差分 GPS 田间定位误差；I_s 为机载成像光谱图像空间分辨率。

依据高光谱遥感田间作物信息获取综合试验的目标和特点，作为基础数据的田间光谱测量与同步采样，总体要求和原则如下。

（1）非飞行同步的光谱测量与同步采样，必须保证光谱测量目标与采样目的高度一致性，以确保田间作物光谱属性描述（相应的理化参数）的真实性。

（2）飞行同步的光谱测量与同步采样，必须在保证光谱测量目标、采样目标高度一致的基础上，准确测定光谱测量与同步采样点的空间位置，以确保地面成像光谱采集点在成像光谱图像上精确配准。

8.2　土壤含水量测量

土壤水分（soil water content）是土壤的重要物理参数，它是联系地表水与地下水的纽带，在水资源的形成、转化及消耗过程中有重要作用；同时，土壤水分状况对降水产流、植被蒸腾、土壤蒸发及生态环境下垫面植被生态系统的变化等具有重要影响，并在陆地表面与大气之间的物质和能量交换方面扮演着重要角色（Rondeaux et al.，1996）。关于土壤含水量的另外一个叫法是土壤湿度（soil moisture）。目前已有数十种土壤含水量快速测量方法，主要有烘干称重法、时域反射法、频域反射法、中子扩散法。

1. 土壤水分形态

土壤中的水分或被吸附在土粒表面或处在孔隙中，并且和外界的水一样，也以固、液、气三种形态存在。土壤是非均一的多孔介质，土壤颗粒大小、形状和孔隙度等不一样时对土壤水分的吸附、保持或转移作用也大不相同。因此，土壤水分在不同状态下表现出的性质差别也很大。

土壤水分从形态上大致分为化学结合水、吸湿水和自由水三类（邓英春等，2007）。化学结合水在 600～700℃温度下才能脱离土粒；吸湿水是土粒表面分子力所吸附的极薄水层，须在 105～110℃的温度下转变为气态，才能脱离土粒表面

分子力的吸附而失去；自由水可以在土壤颗粒的孔隙中移动。自由水又可进一步区分为：①膜状水，吸湿水的外层所吸附的极薄一层水膜的水分；②毛管悬着水，由毛管力所保持在土壤层中的水分，它与地下水和土层与土层之间的悬着水无水压上的联系，但能快速移动，以供植物生长吸收；③毛管支持水，地下水随毛管上升而被毛管力所保持在土壤中的水分；④重力水，受重力作用而下渗的土壤水，重力水只能短时间存在于土壤中，随着时间的延长，它将会逐渐下降，补充到地下水（邓英春等，2007）。

2. 土壤含水量的表示方法

一般所说的土壤水分，实际上是指用烘干称重法在 105～110℃ 温度下能从土壤中被驱逐出来的水。土壤含水量是指土壤中所含有的水分的重量。土壤含水量可以用不同的方法表示，最常用的表示方法有以下几种（邓英春等，2007）。

（1）质量含水量 w（%），土壤中实际所含的水的重量（$W_水$）占干土重量（$W_土$）的百分数，即

$$w=W_水/W_土×100\% \tag{8-15}$$

（2）体积含水量 v（%），土壤中水的体积（$V_水$）占土壤体积（$V_土$）的百分数，即

$$v=V_水/V_土×100\% \tag{8-16}$$

（3）相对含水量 r（%），土壤的质量含水量 w（%）占土壤田间持水量 $w_田$（%）的百分数，即

$$r=w/w_田×100\% \tag{8-17}$$

在实际应用中应根据具体目的选择土壤含水量的表示方法，土壤含水量的几种表示方式可根据需要进行转换。质量含水量表示方法简单易行，并且有足够的精度，是最基本的方法；体积含水量常用于一些土壤水分的理论和土壤结构关系的研究；相对含水量常用于农业旱情评价和指导灌溉的水分指标等。

3. 土壤含水量的测量方法

1）烘干称重法

烘干称重法具体包含恒温箱烘干称重法、酒精燃烧法和红外线烘干称重法等。其中，恒温箱烘干称重法被认为是经典和最准确的方法（Schmugge et al.，1980），是国际公认的测定土壤水分的标准方法，其他所有土壤水分测定方法都以此法作为标准而进行校对（伍永秋等，2001）。烘干称重法是一种直接的测量方法，可以求出质量含水量（w）[见式（8-18）]、体积含水量（v）[见式（8-19）、式（8-20）]：

$$w = \frac{w_1 - w_2}{w_2 - w_0} \times 100\% \qquad （8\text{-}18）$$

式中，w_1 为湿土+盒的重量；w_2 为干土+盒的重量；w_0 为盒的重量。

$$v = \left(\frac{w_1 - w_2}{w_2 - w_0} \right) \rho_b \times 100\% \qquad （8\text{-}19）$$

$$\rho_b = \frac{w_2 - w_0}{100} \qquad （8\text{-}20）$$

式中，ρ_b 为土壤干容重。式（8-19）中等式右边分母取值 100，与土壤取样环刀的体积有关，即环刀体积刚好是 100cm^3。

烘干称重法的一般操作步骤为：将用土钻取好的土样置于事先称重的铝盒（若需要测土壤体积含水量或土壤容重，改用环刀取样）中称重，然后一起放入烘箱，在 105～110℃温度下烘至恒重，实际操作中一般烘 12～14h，在干燥器中冷却 20min 称重即可，前后两次重量的差即为土壤含水量。

烘干称重法的优点在于可用环刀取样，取样方便且样品采收成本低；土壤含水量计算容易，测量范围宽且精度较高；可以在田间不同位置取土，贯穿整个土壤剖面，能够提供土壤分层、密实度和土壤质地变化等一系列信息；对硬件要求不高，就样品本身而言结果可靠，尤其在结构疏松的沙土或者沙漠里，其他仪器难以对含水量进行准确测定（张显峰等，2014）。因此，烘干称重法测得的土壤水分值是可信的，可作为其他各种土壤水分测量方法的校正标准。但其也存在缺点，如费时、费力；深层取样困难，取样会破坏土壤；当土壤质地分布不均时，很难取出有代表性的土样；不能进行长期定位观测，无法实现在线快速测量；在土样采集和处理过程中水分容易损失；需采集土样的数量较多，以反映土壤和土壤水分的空间变异性。

2）时域反射法

时域反射法是 20 世纪 60 年代末出现的一种确定介电特性的方法，可用来反演土壤含水量。由于电磁波的传播速度与传播媒体的介电常数密切相关，而土壤颗粒、水和空气本身的介电常数差异很大，故一定体积土壤中水的比例不同时，其介电常数便有明显的变化，因此由电磁波的传播速度便可判断其含水量（张学礼等，2005；Noborio，2001），电磁波传播速度的快慢就反映了土壤中含水量的多少。

时域反射仪具有测量快速、操作简单、测定精度高和对土壤无破坏等优点，与计算机或记录器相连可做原位连续测量，且测量范围广（图 8-2）。时域反射仪既可以做成便携式进行田间即时测量，又可以通过导线与计算机相连，通过信息转换而达到数据自动采集的目的（杜会石，2020）。研究表明，在黄土高原的土壤水分测量中，使用时域反射技术（time domain reflectometry,TDR）与烘干称重法进行室内校正与野外校正，校正结果表明 TDR 有着比较高的土壤水分测量精度（伍永秋等，2001）。但该方法也存在一定的缺点，如电路复杂、仪器价格昂贵，对于不同类型的土壤，需要对设备进行分别校对，并且需要定期检查和校对设备（王贵彦，2000）。

图 8-2　TDR 测量（彩图见书后）

3）频域反射技术

由于水的介电常数比一般物质要大得多，所以当土壤中的水分增加时，其介电常数就相应增大，测量时水分传感器给出的电容值也随之上升。根据传感器的电容量与土壤水分之间的对应关系，来计算土壤含水量。频域反射技术（frequency domain reflectometry, FDR）是一种行之有效、快速、简便和可靠的方法。其具有快速、准确、连续测定等优点，不扰动土壤，能自动监测土壤水分及其变化，耐用、性能超群、价格便宜且无放射性污染源（李元寿等，2006）。利用该方法测量土壤水分的多为探针式（Gaskin et al.，1996），但是在低频工作时容易受土壤盐分、质地和容重的影响，因此，如何减小田间土壤质地、结构与含盐量对地面测量的影响是研究的关键问题。

4）中子扩散法

该方法在 20 世纪 50 年代就被用于测定土壤含水量。此后，世界上很多国家对该方法进行了研究。中子扩散法利用中子源辐射的快中子碰到氢原子时慢化为热中子的原理，通过热中子数量与土壤含水量之间的相关关系来确定土壤水分的多少。中子扩散法适用于田间长期定位观测，测定结果快速、准确且可靠，可以重复进行。中子探测仪可在田间不同位置和不同深度测量土壤含水量，能在同一位置对整个生长季节的土壤含水量进行监测，降低了土壤变异性的影响。中子扩散法特别适用于深层土壤含水量的测量与水分动态变化观察。但中子扩散法难以测量浅层土壤含水量，因为高速中子容易散逸于大气，在距离土壤表面 15～20cm 的位置，其监测结果不够准确。而浅层土壤含水量与作物生长关系密切，明显随灌溉、降水和蒸发等变化而变化，是土壤水分中最为活跃的部分，需要实时监测。这一缺点极大地限制了中子扩散法的进一步推广应用。另外，这种方法还存在辐射防护问题，需要特别操作培训、操作管理、运输和储存等一系列程序，如果屏蔽不好，易造成射线泄漏，导致污染环境，危害人体健康。目前，这种方法在发达国家已被禁止使用（周凌云等，2003）。

5）电磁测量技术

依据气、水、土混合物的土壤介电常数与土壤体积含水量常数之间的相互关系，通过测定土壤介电常数，间接得到土壤水分体积含量。从电磁学的角度看，土壤母质是由气、土块、束缚水和自由水四部分组成的介电混合体（Hallikainen et al.，1985），土壤相对量极小的自由水却能对气、水、土混合物的土壤介电常数产生很大的影响。在一定含水量时，影响土壤综合介电常数的因素：一是电磁频率、温度和盐含量；二是土壤体积含水量常数；三是土壤束缚水的介质常数与土壤体积含水量常数的比值；四是土壤颗粒的形状和密度等。通过校正，电磁测量方法可快速测定土壤含水量绝对值，测定精度高；可在同一处反复测量，对土壤无破坏作用。但对于不同类型的土壤，需要对设备进行分别校对，并且必须定期检查和校对设备。

6）基于驻波率原理的测量方法

针对 TDR 和 FDR 的缺陷，Gaskin 等（1996）提出了基于传输线理论（即驻波率原理）的水分测量方法。利用此方法研制的土壤水分测量仪在成本上有了大幅度的降低。该方法测量仪主要是由高频信号源产生的信号沿传输线传播到土壤探针上，由于探针阻抗与传输线阻抗不匹配，部分信号沿传输线反射回来，另一部分继续沿土壤探针传播。这样在传输线上入射波与反射波叠加形成驻波，使传输线上各点的电压幅值存在变化，而土壤探针阻抗取决于土壤的介电特性，土壤的介电特性又主要取决于土壤含水量，因而可通过测量传输线上电压的变化来反映土壤含水量的多少。该测量法可以快速、连续和较高精度地测量土壤水分，而且成本低，适合大多数土壤类型。但是基于驻波率原理的测量方法也受土壤盐分影响，测量精度不及 TDR。

7）张力测定法

张力计式土壤水分传感器是一种广泛成功地用于某些土壤水分测量的传感器。张力计是一个充水管道，一端是中空的陶瓷头，另一端是真空仪表和密封塞。张力计安装在土壤的合适深度，陶瓷头与土壤紧密接触。通过陶瓷头使张力计中的水与土壤中的水最终达到压力平衡。当土壤吸湿以后，张力梯度下降，水分流回陶瓷头。土壤经过干湿循环，就可获得张力读数。张力计系统的制造价格低，结构及原理都比较简单，可以测定出土壤中张力变化的瞬时差值，得到正的和负的数据，从而为研究土壤中水的蒸发、渗透和地下水静止水位的涨落等问题提供数据；并可以在线实时测量，确定水在土壤内的流动方向和渗透深度。但张力计测量范围很大程度上受土质的影响。该方法所测量的是土壤水的吸力，需要依据土壤水分特征曲线来换算成土壤含水量。此外，该方法测量结果存在滞后，会影响其测量速度（张学礼等，2005）。

8.3　地表温度测量

地表温度（land surface temperature, LST）是地表温度或陆面温度和不同深度的土壤温度的总称，是研究地表和大气之间物质和能量交换的重要参数。浅层地表温度包括离地面 5cm、10cm、15cm、20cm 深度的地中温度，深层地表温度包括离地面 40cm、80cm、160cm、320cm 深度的地中温度。地表温度的测量一般有自动气象站测量与人工测量两种方式。

1.　自动气象站测量

自动气象站地表温度的测量方式可分为两种：一种是自动气象站早期产品的模式，即采用四支传感器采集后取数据平均值的测量方式；另一种则是近几年推出的并按《地面气象观测规范》（中国气象局，2003）要求设计的单支地表温度传感器的采集模式。比较而言，后者相对更简便和实用。

自动气象站工作原理：来自不同温度传感器的模拟电压信号由信号电缆进入采集器，通过前端的一个多选一的信号选择电路，分别接入信号测量电路及信号放大电路，再经模数（analog to digital, A/D）转换器将模拟电压量转变为对应的数字参数，送入计算机系统，从而完成一系列采集任务（董国庆等，2008）。在测量时，恒流源与运放电路处于稳定状态。通过切换测出电阻上的输出电压值，然后根据特定的计算公式即可得出当时的地面温度值，该传感器有高度的稳定性。它们使用的是同一个变换器，由电子开关按设定程序接通，测定的温度值较准确。自动气象站用于地温测量的硬件电路可分成两部分（胡帆等，2012）：一部分为传感部分，包括地表温度传感器、地表温度转接盒和信号传输线，这些均在室外；另一部分为采集器的温度通道部分，它是温度信号的调理转换电路，位于室内的采集器主板上。

2. 人工测量

人工测量地表温度主要利用温度表按照一定规范进行测量，其原理根据液体热胀冷缩的特性，地表最低温度表的感应液是酒精（在 1 个标准大气压下，酒精温度计所能测量的最高温度一般为 78℃，所能测量的最低温度为-114℃），毛细管内有一哑铃型游标，当温度下降时，酒精柱下降，表面张力就带动游标下降（董国庆等，2008）。由于酒精安全性比水银好，其 78℃ 的上限和-114℃ 的下限完全能满足测量体温和气温的要求，但由于酒精温度计的误差比水银温度计大，因此，在测量地温要求精度较高时，仍然主要用水银温度计，水银的凝固点是-39℃，沸点是 356.7℃，用来测量-39～357℃ 的温度。

1）地面温度表和曲管地温表

地面温度表（又称 0cm 温度表）、地面最高和最低温度表的构造和原理，与测定空气温度用的温度表相同。5cm、10cm、15cm、20cm 曲管地温表的结构和原理基本同上，只是表身下部伸长、长度不一，并且在感应部分上端弯折，与表身成 135° 夹角。地面温度表需水平地安放在地段中央偏东的地面，按 0cm、最低、最高的顺序自北向南平行排列，感应部分向东，并使其位于南北向的一条直线上，表间相隔约 5cm；感应部分及表身，一半埋入土中，一半露出地面。埋入土中的感应部分与土壤必须密贴，不可留有空隙；露出地面部分的感应部分和表身，要保持干净。曲管地温表安装在地面最低温度表的西边约 20cm 处，按 5cm、10cm、15cm、20cm 深度顺序由东向西排列，感应部分向北，表间相隔约 10cm；表身与地面成 45° 夹角，各表身应沿东西向排列，露出地面的表身需用叉形木（竹）架支住。0cm、5cm、10cm、15cm、20cm 曲管地温表于每日 2 时、8 时、14 时、20 时观测；地面最高、最低温度表于每日 20 时观测一次，并随即进行调整。各种地温表观测读数要准确到 0.1℃（崔讲学等，2011）。观测时，要踏在踏板上，按 0cm、5cm、10cm、15cm、20cm 地表温度的顺序读数，观测地面温度时，应俯视读数，不将地温表取离地面，读数记入观测簿相应栏，并进行器差订正。

2）红外测温仪

温度在绝对零度以上的物体，都会因自身的分子运动而辐射出红外线。通过红外探测器将物体辐射的功率信号转换成电信号后，成像装置的输出信号就可以完全对应地模拟扫描物体表面温度的空间分布，经电子系统处理，传至显示屏上，得到与物体表面热分布相应的热像图。运用这一方法，便能实现对目标进行远距离热状态图像成像和测温并进行分析判断。红外测温仪采用非接触式测量方法，对于测定植被冠层、裸土表面的温度非常方便，但不同价位的红外测温仪精度差异较大。红外测温仪体积小巧，便于携带，激光指示可以方便地瞄准目标并精确地测量温度，是安全理想的非接触式测温工具。

3）多通道土壤温度记录仪

多通道土壤温度记录仪交直流两用，既可拿到野外随时测量采集数据，也可长时间放置记录地点。带 GPS 定位功能，数据自动采集、实时实地显示地点的地理坐标（经纬度信息）并保存，测量地表温度数据既可在主机上查看数据，也可导入计算机进行查看。意外断电后，已保存在主机里的数据不会丢失。

总体而言，地表温度测量的难度大主要有以下四个方面的原因（胡玉峰，2004）：一是地表温度测量的复杂性，太阳辐射加热下垫面后，使土壤温度迅速上升。由于土壤各处的物理化学性能不同，即比热不同，同样的热量，温度升值不同。试验证明，在面积不大的观测场内，土壤中水平温度场分布不均匀，垂直温度梯度很大，特别是在夏日晴天时更为明显。此外，在土壤中，辐射传热作用较弱，对流传热几乎不存在，土壤是热的不良导体，热传导进行得较慢，这样就使土壤中温度水平不均匀性和垂直梯度不容易达到应有的平衡。二是土壤中水平温度场的不均匀性，当地表温度变化剧烈时，土壤中水平温度场不均匀性十分明显，即使两地同一类型温度表安装的深度相同，相距 0.6m 左右的两支温度表的示值一般可相差 0.4～1.6℃（胡玉峰，2004）。水平温度场的不均衡性对土壤温度，尤其是上层的陆面温度有着很大的影响，在空气湿度较低的荒漠地区，地表温度的水平差异在中午前后尤其明显。如果采集的陆面温度作为遥感反演的检验数据，那么采集陆面温度的方法应该与对应的遥感影像的分辨率相关，如 1km×1km 分辨率的遥感影像需要在每个像元范围内取多次测量值的平均值。三是土壤中垂直温度分布，土壤中温度的垂直分布明显，如果仪器安装深度误差有 ±1cm，就可造成 0.70～1.68℃的误差（胡玉峰，2004），仪器探头深度对测量结果有较大影响，所以测量深度的一致性很重要。四是遥测地温仪原理的差异，仪器测量原理的不同，会导致两种仪器的测量结果之间有较大偏差，如自动气象站与人工测量之间会存在一定的误差（徐艳华，2005）。

8.4　太阳辐射测量

太阳辐射是地球能量的主要来源，它是研究大气光学、大气物理、环境保护的重要手段之一。太阳辐射测量与其他生态环境参数的测量有着较大区别，太阳辐射测量是针对太阳进行的测量，而其他生态环境参数大多是针对地球表面的观测（Cogliati et al.，2015）。太阳辐射的测量从平台上可分为两种：基于大气层外的太阳辐射测量和基于地球表面的太阳辐射测量。

1. 基于大气层外的太阳辐射测量

基于大气层外的太阳辐射测量已经有了 40 多年的连续记录，从 1978 年首次实现大气层外测量开始，太阳辐射监测活动从未停止过。并且在任何时间都保证至少两个卫星仪器在同时工作。大气层外太阳辐射测量一般是在卫星平台上，从 1978 年美国的雨云 7 号开始，此后的 20 多年间，欧美国家发射了一系列的卫星平台携带各种不同的仪器，进行了连续、重叠的太阳辐射测量。在国内，20 世纪 90 年代研制的绝对辐射计，在地面和气球上进行了太阳辐照度的绝对测量，并开发出由三台绝对辐射计组成的太阳常数监测器。在神舟三号飞船轨道舱上测得了太阳辐照度数据，风云三号气象卫星太阳辐照度监测仪也由三台绝对辐射计组成，实现了在轨测量（张显峰等，2014）。

2. 基于地球表面的太阳辐射测量

20 世纪 90 年代初期，我国气象台站启用我国自行研制开发的遥测太阳辐射测量仪器，测量包括太阳直接辐射、总辐射、天空散射辐射、地球反射辐射和净全辐射等要素。与 50 年代的仪器相比，在测量准确度和自动化程度等方面都有了很大的提高。以下介绍四种观测太阳辐射的仪器。

1）VHS-1（visual haze sensor）太阳辐射计

美国 Haze-SPAN 项目中使用的仪器，其主要的功能是通过测量直射太阳辐射来测量薄雾，此外，它还可用于测量宇宙常数、气溶胶光学厚度（aerosol optical depth, AOD）等。该仪器原理简单，它是用普通的发光二极管（light-emitting diode, LED）作为光探测器的，可以探测窄波段的波长。如果不做改进，该仪器只能探测单一波段的光，要添加不同的 LED 和相应的放大器后才能用于测量其他波段（张显峰等，2014）。

2）SIMBIOS 太阳辐射计库

美国国家航空航天局（National Aeronautics and Space Administration, NASA）资助的 SIMBIOS（the sensor intercomparison for marine biological and interdisciplinary ocean studies，海洋生物学和跨学科海洋研究传感器对比研究）项目用几种太阳辐射计组成了一个 SIMBIOS 太阳辐射计库。①Micro Tops II 太阳辐射计（美国），有五个通道，它可以用于测量气溶胶光学厚度、臭氧柱总量和水蒸气总量；其特点是：准确度高、操作简单、携带方便、可即时得到结果、存储稳定、成本低。②SIMBAD 太阳辐射计/水上辐射计（法国），有五个通道，可以选用海洋观测模式观测海洋表面、测量离水辐射率，或者选用太阳观测模式测量直接太阳光强度和大气气溶胶光学厚度。操作者还可以选择暗电流模式和校准模式。③PREDE 太阳辐射计（日本），PREDE 太阳辐射计是目前商业应用中唯一能自动测量气溶胶属性的太阳辐射计；PREDEPOM-01Markn 自动太阳和天空辐射计用于测量天空辐射和直接太阳辐射，其中，PREDEPOM-01Markn 是用来在船上进行大气分布测量的；PREDEPOM-01Markn 在设计上与 CIMEL 相似，有八个通道。实验的初步结果表明，PREDE 太阳辐射计能够在船上提供这种信息，可以作为沿海 CIMEL 工作站很好的补充（谢伟，2003）。

3）Middleton SP01 太阳辐射计

SP01、SP01-A 由澳大利亚气象局研制，用于支持世界气象组织的全球大气观测项目。SP01 太阳辐射计用于窄带频谱太阳辐射测量，它只能以太阳辐射计模式工作。该系列仪器的特点是可同时测量四个窄带，探测器和滤光片在恒温下工作，增强了稳定性，还可以暂停进行信号零点检测。

4）SPUV-6/10 太阳辐射计

SPUV-6/10 是一个精确太阳辐射计，最多能测量 10 个在紫外线-生物（ultraviolet-biological，UV-B）和可见光区域分离波长的直接太阳光谱辐射量；它超过了世界气象组织规定的太阳辐射计的技术指标，是第一台能测量 UV-B 区域窄带的商用太阳辐射计。

8.5　叶面积指数测量

叶面积指数是一个无量纲、动态变化的参数，随着叶子数量的变化而变化。叶面积指数的测定方法分直接测量和间接测量两类（刘刚等，2008；Jiang et al.，2008）。直接测量的精度较高，但费时费力、操作困难，更没有办法进行大范围监测，它经常作为间接测量方法发展与改进的验证数据（杜春雨等，2010）。间接测量的发展非常迅速，有着多种不同测量方法的仪器，如冠层分析仪（如 AccuPAR、LAI-2000、SunScan 等）、半球冠层摄影仪（hemispherical canopy photography，HCP）、多波段植被冠层辐射仪（multi-band vegetation canopy radiometer，MVCR）、冠层结构和辐射分析仪（architecture of canopies and radiation analysis meter，ACRAM）等（凌飞龙等，2009）。

1. 直接测量法

通过先测定叶片面积，再计算 LAI 的方法。直接测量 LAI 的方法是经典的、成熟的和相对准确的，也是间接测定的重要校正方法；其缺点是对植物本身具有一定破坏性，必须人工采集叶子样品，耗时耗力，而且采样不一定具有代表性（杜春雨等，2010）。直接测量包括叶子的采集和叶面积的测量（吴伟斌等，2007）。

1）叶子的采集

叶子的采集一方面可以用非破坏性的方法，如落叶箱法；另一方面可用破坏性的方法，如区域采样法。落叶箱法利用有防风侧面的开口盒子放在林群中间，定时重复取样。区域采样法对一个采样区域进行破坏性采样，该方法涉及树群纵向和横向的同态假设，最适合于小个体均匀分布在相对大的区域里面（张显峰等，2014）。

2）叶面积的测量

叶面积的测量主要有面积法和比叶重（specific leaf weight, SLW）法。面积法利用了叶面积和叶面覆盖的像素成正比的关系检测轮廓，计算出叶子的长、宽和面积；比叶重法是利用单位叶面积与叶子干重的比值，通过整个区域总样品中的子样品获得，其中叶面积经过上述面积法的方法获得。在获得 SLW 后，把总样品烘干求出总干重，简单乘以 SLW 就能得到总的叶面积。

2. 间接测量法

地面间接测量的方法可以更快、更大范围较高自动化地测量 LAI，因此被广泛使用。间接测量法适用于单一林群和农作物的地面测量，还可以与直接测量方法一样作为遥感技术监测地表植被状况的建模数据和验证资料。地面间接测量法可区分为接触法和非接触法。

1）接触法

接触法可进一步分为相关因子法与倾料点嵌块法两类（吴伟斌等，2007）。其中，相关因子法利用了植物单元的各种测量因子（如茎直径、冠幅直径、植株高度、冠基高度和边材面积等）与叶面积的变异关系来测量 LAI 和生物量。其基础模型理论认为茎和枝是支撑叶子营养导管的集合。该方法的优点在于测量因子获取方便，相对直接测量方法大大减少了工作量。然而，因为变异关系式具有树群特定性，以及依赖树尺寸、冠层结构、树群密度、季节气候等特点，相关因子法的理论基础不完备，所以具有一定的局限性。倾斜点嵌块法，用长尖针（点嵌块）在已知高度角和方位角的植物冠层上探击，然后计算碰击到冠层元素的次数。该方法的优点在于具有非破坏性和无须叶子是随机分布的假设，而其缺点是采样数足够大时才能置信，并且对较高的冠层实施比较困难。

2）非接触法

非接触法是现在地面测量 LAI 最高效的方法，它主要使用基于冠层内光透射的光学模型方法。光学模型方法应用基于冠层组分随机分布假设的比尔-朗伯定律（Beer-Lambert law）指数递减模型及基于叶角分布函数的光分布模型。考虑冠层辐射的截取与入射光的成分、光属性和冠层结构的关系，使用光量子传感器、电容传感器和激光传感器等传感器测量到地面的辐射（直射、散射和总辐射）。光学模型方法具有速度快、通用性强、非破坏性的优点（张显峰等，2014）。然而，由于 LAI 的推导模型中，对冠层结构和辐射属性进行了一定假设，测量时通常需要晴朗的天空，而且受到了叶倾角、叶型、叶簇（树叶不是均匀分布的，而是群集在枝条周围，这些单位形成了叶簇）和非叶子单元等因素的影响，通常还需要知道包含整个区域和特定树种的消光系数。非接触法测量所需的仪器依据工作原理可分成两类：一类基于对冠层间隙度（gap fraction）分析得到 LAI，这类仪器假定冠层内的各种元素（叶、枝、树干等）随机分布，如 CI-110 冠层分析仪、LAI-2000 冠层分析仪等；另一类基于对冠层间隙大小的分布情况进行分析得到 LAI。

8.6 地表生物量测量

生物量可通过直接测量和间接估算两种途径获得（West，2004）：一种方法是收获法，该方法虽然准确度高但对生态系统的破坏性大且耗时费力；另外一种方法是利用生物量估算模型进行估算，其中生物量-蓄积量模型在大尺度森林生物量的估算中得到广泛应用（Somogyi et al.，2007）。农作物地表生物量的测定主要采用的是收获法。农作物地表生物量的测定极为简便，因为它们大多是一年生或二年生的草本植物，结构单一，适合用收获法直接测定其生物量（Xiao et al.，2004）。测量步骤如下。

（1）样地选取，先调查植株的行株距和每丛苗数，算出植株密度。在同一类型（植株密度、高度和生长状况等尽可能相同）田块上选取多个样地，并为样地编号。每个样地选出样方 3m×3m。

（2）生物量测定，在样地中将标准植株从所有地上部分沿地表面收割下来，装入预先准备好的塑料袋中；地表面以上所有死组织装进另一个塑料袋中。

（3）将上面所取塑料袋中的样品带回实验室，立即置于 105℃高温下杀青 0.5h，接着在 80℃下烘干至恒重，再用电子天平称重，将结果录入 Excel 中，供后续分析。

8.7 叶绿素含量测量

叶绿素是植物叶片的主要光合色素，是植物生长过程中的一个重要的生理指标，由于其对周围环境很敏感，并与植物的光合作用、营养吸收等密切相关，被广泛作为植物生长的常规测定指标项目（Duveiller et al.，2016；张显峰等，2014）。叶绿素含量测定方法主要有分光光度计法、荧光法和同步荧光法（任红等，2012），在日常试验中以分光光度计法应用最广泛。因所用的溶剂不同又有多种测定方法，早期叶绿素测定广泛采用 Arnon 法（Arnon，1949）。但该方法由于先研磨后除渣，工作量大、步骤多，且容易受光氧化而引起偏差，不适宜田间大量样品的提取和测定。后来相关学者提出了丙酮、乙醇混合液法浸提叶绿素，研究表明，丙酮与乙醇在等摩尔混合时提取效果最好。除常用的分光光度计法外，荧光法依据叶绿素分子被紫外光照射后可发射出特征红色荧光，其荧光强度与叶绿素浓度成正比，以此来定量反演叶绿素浓度（唐尧基等，2004）。同步荧光法是一种新型荧光分析技术，该方法同时扫描荧光分光光度计的激发和发射两个单色器波长，由测得的荧光强度信号与对应的激发波长（或发射波长）构成光谱图。目前已有多款基于该原理研发的叶绿素测量仪器，如由美国 Turn Designs 公司生产的 Aquafluor 手持式叶绿素荧光测定仪，它是一款轻便、经济的手持荧光仪，是实验室外实现快速测定活体叶绿素 a 的理想工具（Du et al.，2017）。手持式叶绿素荧光测定仪测得的虽然是色素相对含量指标，但因其具有方便快捷等优点，被广泛应用于遥感反演模型输入参数厘定及模型验证中。产自日本的 SPAD 系列叶绿素仪、美国生产的 atLEAF+叶绿素仪可快速测定绿色植物叶片的叶绿素含量。

8.8　光合速率测量

光合速率是衡量绿色植物光合能力强弱的重要指标，测定反应物的消耗速率或产物的生成速率（包括物质的交换和能量的储藏）都可以用来计算光合速率，包括有机物的积累速率（半叶法、植物生长分析法）、叶片释放 O_2 的速率（化学滴定法和氧电极法）、叶片吸收 CO_2 的速率（化学滴定法、pH 法、同位素法和红外线气体分析法）等。其中，叶片吸收 CO_2 速率法是根据光合过程中吸收 CO_2 的多少，直接计算出光合速率大小的一种测量方法，因而相比之下，叶片吸收 CO_2 速率法具有省时、省力、测量参数多等优点，更重要的是此法重复性好，数据稳定、准确，是目前最常用的一种方法。叶片吸收 CO_2 速率法中比较具有代表性的测量方法是红外线气体分析法，现阶段推荐使用的美国 LI-COR 公司生产的 Li-6400 光合作用测定仪就是基于此法，此仪器在光合作用相关的研究方面有着广泛的应用（向仰州等，2009）。

8.9　无人机航拍数据获取

无人机是无人驾驶飞机的简称，即 UAV（unmanned aerial vehicle）或 UAS（unmanned aircraft system），它是利用无线电遥控设备和自主程序控制装置操纵的不载人飞机（刘波，2017）。无人机按飞行平台构型的不同可分为固定翼式与旋翼式（图 8-3）。与有人飞机相比，无人机有着很多突出优点。由于无人机上不直接搭载飞行员，所以不会存在飞行员的伤亡事故。无人机不需要考虑人的生理条件、承受能力、工作时间等因素，不需要安装生命保障系统，这就大大减少了无人机的制造成本，减轻了无人机的整体重量，减小了无人机的整体尺寸（袁文帅，2018）。同时，在各种恶劣复杂环境中，无人机依然可以执行任务。此外，无人机还具有易于起降、操作简单、机动灵活等优点。但无人机也有缺点，因无人机重量相对较轻，所以其承载能力有限，且抗风能力也相对较差，如遇大风等特殊天气，无人机容易偏离航线，而靠预装程序控制的无人机，其智能性、灵活性差，无人机难以应对这些意外情况，此外易受到无线电的干扰（杨陆强等，2017）。

无人机根据搭载的传感器不同，获取的数据类型和空间分辨率也不同。一般无人机搭载数码相机、多光谱相机或高光谱相机。飞行完毕后需要对野外观测中采集的航片进行筛选，考虑飞行质量和影像质量的要求，航片重叠度应满足航向重叠度为 60%～80%，最小不应小于 53%；旁向重叠度一般应为 15%～60%，最小不应小于 8%。在无人机航拍完毕后，筛选航片，剔除起飞和降落阶段航拍影像，仅保留无人机航线飞行阶段拍摄的照片。利用添加照片、对齐照片、建立密集点云、生成网格、生成纹理、镶嵌等操作，便完成了航拍图的拼接，进一步生成数字高程模型（digital elevation model, DEM）、生成正射影像，即完成了航拍图的预处理，并导出拼接完成的航片。

　　　　（a）固定翼无人机　　　　　　　　　　　　　　（b）旋翼无人机

图 8-3　无人机（彩图见书后）

参 考 文 献

崔讲学, 高学浩, 2011. 地面气象观测[M]. 北京: 气象出版社.

邓英春, 许永辉, 2007. 土壤水分测量方法研究综述[J]. 水文, 27(4): 20-24.

董国庆, 李向军, 李淑君, 2008. 地面最高温度自动观测与人工观测数据的差异分析[J]. 科技信息（科学·教研）(10): 35.

杜春雨, 范文义, 2010. 有效叶面积指数与真实叶面积指数的模型转换[J]. 东北林业大学学报, 38(7): 126-128.

杜会石, 2020. 科尔沁沙地动态演化[M]. 北京: 科学出版社.

何挺, 程烨, 王静, 2002. 野外地物光谱测量技术及方法[J]. 中国土地科学, 16(5): 30-36.

胡帆, 陈正一, 2012. 自动气象站地表温度测量方式的改进[J]. 气象, 38(3): 381-384.

胡玉峰, 2004. 自动与人工观测数据的差异[J]. 应用气象学报, 15(6): 719-726.

李元寿, 王根绪, 程玉菲, 等, 2006. FDR 在高寒草地上土壤水分测量中的标定及其应用[J]. 干旱区地理, 29(4): 543-547.

凌飞龙, 李增元, 陈尔学, 等, 2009. 青海云杉林业面积指数半球摄影测量方法研究[J]. 地球科学进展, 24(7): 803-809.

刘波, 2017. 我国小型无人机发展现状与思考[J]. 技术与市场, 24(12): 50-51, 53.

刘刚, 谢云, 高晓飞, 等, 2008. SunScan 冠层分析仪在测量大豆叶面积指数中的应用[J]. 生态学杂志, 27(5): 862-866.

任红, 罗丰, 许彦, 等, 2012. 菜心叶绿素测定方法比较研究[J]. 安徽农业科学, 40(3): 1455-1456.

唐尧基, 游文玮, 陈莹, 等, 2004. 同步萤火法测定海水中的叶绿素 a 的含量[J]. 分析仪器(3): 24-26.

王贵彦, 史秀捧, 张建恒, 等, 2000. TDR 法、中子法、重量法测定土壤含水量的比较研究[J]. 河北农业大学学报, 23(3): 23.

吴伟斌, 洪添胜, 王锡平, 等, 2007. 叶面积指数地面测量方法的研究进展[J]. 华中农业大学学报, 26(2): 270-275.

伍永秋, 刘宝元, van den Elsen E, 等, 2001. 黄土高原土壤水分的自动监测——TDR 系统及其应用[J]. 水土保持学报, 15(2): 108-111.

向仰州, 姚斌, 尚鹤, 等, 2009. 五氯酚胁迫对转基因杨树光合光响应特性的影响[J]. 生态环境学报, 18(6): 2164-2150.

谢伟, 2003. 太阳辐射计技术分析[J]. 红外(3): 9-15.

徐艳华, 2005. 自动与人工观测数据的差异及主要分析[J]. 气象水文海洋仪器(3): 6-8.

闫锦城, 娜日苏, 2005. 地物光谱仪在野外光谱测量中的应用初探[J]. 内蒙古气象(3): 33-44.

杨陆强, 果霖, 朱加繁, 等, 2017. 我国农用无人机发展概况与展望[J]. 农机化研究, 39(8): 6-11.

袁文帅, 2018. 国外小型多旋翼无人机发展现状[J]. 轻兵器(2): 18-19.

张显峰, 廖春华, 2014. 生态环境参数遥感协同反演与同化模拟[M]. 北京: 科学出版社.

张学礼, 胡振琪, 初士立, 2005. 土壤含水量测定方法研究进展[J]. 土壤通报, 36(1): 118-123.

中国气象局, 2003. 地面气象观测规范[M]. 北京: 气象出版社: 6-10.

周凌云, 陈志雄, 李卫民, 2003. TDR 法测定土壤含水量的标定研究[J]. 土壤学报, 40(1): 59-64.

Arnon D I, 1949. Copper enzymes in isolated chloroplasts, polyphenol oxidase in beta vulgaris[J]. Plant Physiology, 24: 1-15.

Cogliati S, Verhoef W, Kraft S, et al., 2015. Retrieval of sun-induced fluorescence using advanced spectral fitting methods[J]. Remote Sensing of Environment, 169(11): 344-357.

Du S S, Liu L Y, Liu X J, et al., 2017. Response of canopy solar-induced chlorophyll fluorescence to the absorbed photosynthetically active radiation bbsorbed by chlorophyll[J]. Remote Sensing, 9(9): 911.

Duveiller G, Cescatti A, 2016. Spatially downscaling sun-induced chlorophyll fluorescence leads to an improved temporal correlation with gross primary productivity[J]. Remote Sensing of Environment, 182(9): 72-89.

Gaskin G J, Miller J D, 1996. Measurement of soil water content using a simplified impedance measuring technique[J]. Journal of Agricultural Engineering Research, 63(2): 153-159.

Goetz A F H, Solomon G V J, Rock B N, 1985. Imaging spectrometry for earth remote sensing[J]. Science, 228(4704): 1147-1153.

Hallikainen M T, Ulaby F T, Dobson M C, et al., 1985. Microwave dielectric behavior of wet soil-part 1: empirical models and experimental observations[J]. IEEE Transactions on Geoscience and Remote Sensing, 23(1): 25-34.

Jiang Z, Huete A R, Didan K, et al., 2008. Development of a two-band enhanced vegetation index without a blue band[J]. Remote Sensing of Environment, 112(10): 3833-3845.

Noborio K, 2001. Measurement of soil water content and electrical conductivity by time domain reflectometry: a review[J]. Computers and Electronics in Agriculture, 31(3): 213-237.

Rondeaux G, Steven M, Baret F, 1996. Optimization of soil-adjusted vegetation indices[J]. Remote Sensing of Environment, 55(2): 95-107.

Schmugge T J, Jackson T J, McKim H L, et al., 1980. Survey of methods for soil moisture determination[J]. Water Resources Research, 16(6): 361-979.

Somogyi Z, Cienciala E, Makipaa R, et al., 2007. Indirect methods of large-scale forest biomass estimation[J]. European Journal of Forest Research, 126: 197-207.

West P W, 2004. Tree and Forest Measurement[M]. Berlin: Springer Verlag.

Xiao X M, Hollinger D, Aber J, et al., 2004. Satellite-based modeling of gross primary production in an evergreen needleleaf forest[J]. Remote Sensing of Environment, 89(4): 519-534.

第9章　基于 ERDAS 的遥感影像处理

ERDAS IMAGINE 是美国 ERDAS 公司（后被 Leica 公司收购）开发的遥感图像处理系统（党安荣等，2010，2003；刘志丽等，2001）。它具有先进的图像处理技术，友好、灵活的用户界面和操作方式，面向广阔应用领域的产品模块，服务于不同层次用户的模型开发工具以及高度的遥感图像处理和地理信息系统的集成功能。本章较系统地介绍遥感影像处理方法，以 ERDAS IMAGINE 9.3 软件为例进行演示。该软件主要包括数据预处理、图像增强、图像分类等影像处理功能。

9.1　数据预处理

9.1.1　影像校正

几何精校正（geometric fine correction），是指从具有几何畸变的遥感图像中消除畸变的过程，也可以说是定量地确定图像上的像元坐标（图像坐标）与目标物的地理坐标（地图坐标等）的对应关系（坐标变换式）的过程。几何精校正步骤如图 9-1 所示。

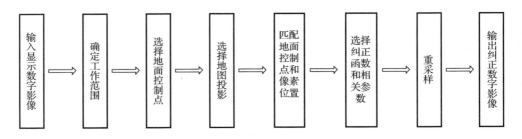

图 9-1　几何精校正步骤

卫星影像几何校正过程如下。

（1）在 ERDAS 图标面板工具条中选择 Viewer 图标，新建 Viewer 窗口 Viewer#1，再打开一个新的 Viewer 窗口 Viewer#2。

（2）在 Viewer#1 中加载需要校正的图像，在 Viewer#2 中加载参考图像。选择 Raster Options 标签，选中 Fit to Frame 复选框，以使添加的图像全幅显示。在 Viewer#1 中的 View 菜单条选择 Tile Viewers，平铺窗口。

（3）在 Viewer#1 菜单条选择 Raster | Geometric Correction 命令，打开 Set Geometric Model 对话框，如图 9-2 所示。选择多项式变换模型（Polynomial），单击 OK，同时启动几何校正工具（Geo Correction Tools）（图 9-3）对话框和几何校正模型属性（Polynomial Model Properties）对话框（图 9-4）。

图 9-2　Set Geometric Model 对话框　　　　图 9-3　Geo Correction Tools 对话框

（4）在 Polynomial Model Properties 中定义多项式次方为 2，单击 Apply 运行。单击 Close 按钮关闭当前对话框，打开 GCP Tool Reference Setup 对话框（图 9-5），在 GCP Tool Reference Setup 窗口选择采点模式，即选择 Existing Viewer（图 9-5）。单击 OK 按钮关闭该窗口，打开 Viewer Selection Instructions 指示器。鼠标单击显示作为地理参考图像的 Viewer#2 窗口，打开 Reference Map Information 对话框，显示参考图像的投影信息。

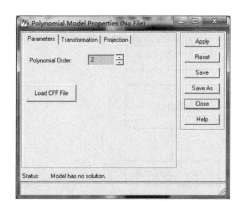

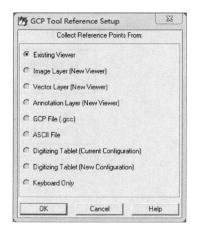

图 9-4　Polynomial Model Properties 对话框　　　　图 9-5　GCP Tool Reference Setup 对话框

　　（5）单击 OK 按钮，地面控制点（ground control points, GCP）工具被启动，进入控制点编辑状态。在 Viewer#1 移动关联方框，选择 ⊕ 寻找特征明显的地物点，作为输入 GCP，并在 Viewer#3 中单击确定相对应的点，GCP 数据表将记录一个输入 GCP，包括编号、标识码、X 坐标、Y 坐标。在 Viewer#2 移动关联方框位置，寻找对应的同名地物点，作为参考 GCP。

　　（6）在 Viewer#4 中单击定点，系统自动地把参考 GCP 的坐标显示在 GCP 数据表中。不断重复以上步骤，采集若干 GCP（图 9-6），直到满足所选定的几何校正模型为止。

Point #	Point ID	>	Color	X Input	Y Input	>	Color	X Ref	Y Ref	Type	X Residual	Y Residual	RMS Error	Contrib.	Match
1	GCP #1			606506.063	4786275.563			606358.313	4786053.938	Control	49.586	46.708	68.121	0.015	
2	GCP #2			611455.688	4780661.063			611234.063	4779848.438	Control	-416.341	383.321	565.928	0.121	
3	GCP #3			621945.938	4779444.813			621872.963	4779444.813	Control	-519.207	-4673.749	6931.826	1.485	
4	GCP #4			628446.938	4789673.813			628946.938	4789673.813	Control	479.004	437.324	648.611	0.139	
5	GCP #5			618990.938	4768397.813			619021.563	4768545.563	Control	-2607.027	-2377.276	3528.178	0.796	
6	GCP #6			624014.438	4763448.188			623645.063	4764186.938	Control	583.872	531.381	789.476	0.169	
7	GCP #7			607983.563	4764956.313			619770.000	4775222.329	Control	7030.113	6418.936	9519.726	2.040	0.347
8	GCP #9									Control					

图 9-6　GCP Tool 对话框

　　（7）选择 Geo Correction Tools 下的 ▣，输出位置和名称，勾选 Ignore Zero in Stats，单击 OK 按钮，执行卫星影像校正。

　　目前，无人机航拍数据成为定量遥感重要的数据源，其校正操作流程如图 9-7 所示。

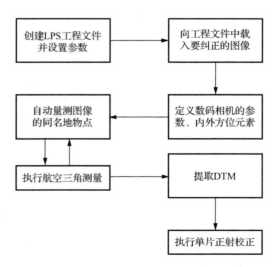

图 9-7　无人机数据校正操作流程

DTM：数字地形模型（digital terrain model）

1）创建莱卡数字摄影测量系统（Leica photogrammetry suite, LPS）工程文件并设置参数

在 LPS 中进行校正操作首先需要创建一个后缀为.BIK 的工程文件，然后在该文件下进行各项工作。工程文件包含了研究区域内所有图像、相机参数、地面控制点坐标及相关信息。创建工程文件时，在 ERDAS 图标面板中单击 LPS 图标，打开 LPS 工程管理器视图窗口。

在创建工程文件时，在 LPS 工程管理视窗中进行如下操作。

（1）单击 File| New 出现如图 9-8 所示的模型建立对话框，在此对话框下设置相机相应的参数。

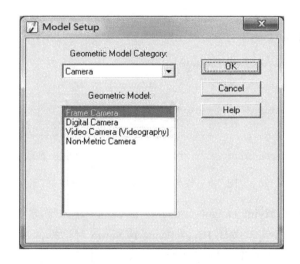

图 9-8　模型建立对话框

（2）在 Geometric Model Category 列表中选择 Camera。

（3）在 Geometric Model 列表中选择 Frame Camera 几何模型（相机模型）。

（4）单击 OK 按钮，关闭 Model Setup 对话框，返回 Block Property Setup 对话框（图 9-9）。

在 Block Property Setup 对话框中定义工程属性参数，具体如下。

（1）在 Horizontal 选项区域（平面坐标系）中单击 Set 按钮，打开 Projection Chooser 对话框。

（2）打开 Standard 选项卡，开始地图投影信息定义过程。

（3）在 Categories 列表中选择 US State Plane-NAD83-Old USGS（D0154）Zone Number。

（4）单击 Projection 滚动条，选择 COLO-RADO CENTRAL。

（5）单击 OK 按钮，关闭 Projection Chooser 对话框，返回 Block Property Setup 对话框 Set Frame-Specific Information 页面。

（6）在 Horizontal Units 列表中选择 Meters。

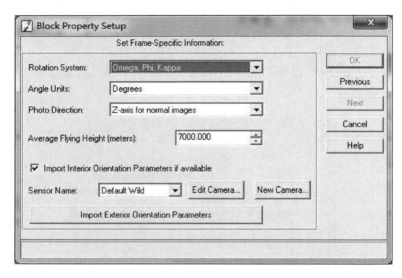

图 9-9　相机模型信息设置对话框

（8）在 Average Flying Height（meters）微调框中输入平均飞行高度 7000.000。

（9）单击 OK 按钮，关闭 Block Property Setup 对话框。

2）载入要纠正的图像并进行图像的金字塔层计算

图像的金字塔层计算有利于优化图像的显示效果及自动同名点的定义。在 LPS 工程管理器视窗中进行如下操作。

（1）右键单击 LPS 工程管理器视窗左边的 Images 图标，在打开的 Images 菜单中右键单击 ADD 命令，打开 Image File Name 对话框。

（2）确定浏览图像文件目录并加载图像。

（3）单击 Image 前的符号"+"，打开 LPS 工程的图像列表。

（4）单击 Edit| Compute Pyramid Layer 命令，打开 Compute Pyramid Layers 对话框。

（5）选择 All Image without Pyramids 单选按钮，单击 OK。

3）定义相机的参数、内外方位元素

在 LPS 工程管理器视窗中单击 Edit | Frame Editor 命令，打开 Frame Camera Frame Editor 窗口，进行相应参数设置（图9-10）。

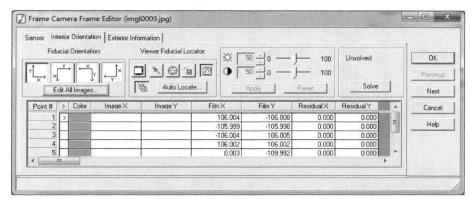

图 9-10 导入外方位元素对话框

4）自动量测图像同名地物点

自动量测图像同名地物点实际上就是进行影像匹配，对出现在多幅图像重叠区域上的点位，量测其在影像上的坐标位置，操作界面如图 9-11 所示。在 LPS 工程管理器中单击 Edit| Point Measurement 命令，在运行自动量测图像同名地物点命令前要进行参数设置，对话框如图 9-12 所示，在 Point Measurement 窗口右侧工具面板中设置参数。

图 9-11 自动量测图像同名地物点（彩图见书后）

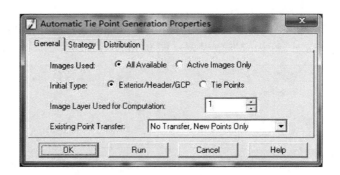

图 9-12　自动量测图像同名地物点参数设置对话框

5）执行航空三角测量

完成以上各步骤后就可以进行航空三角测量，计算出点的三维坐标，在 LPS 工程管理器视窗中进行如下操作。

（1）单击 Edit | Triangulation Properties 命令，打开 Aerial Triangulation 对话框（图 9-13）。

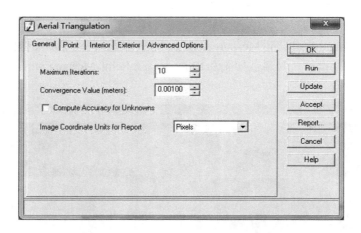

图 9-13　航空三角测量参数设置对话框

（2）单击 Point 标签，进入 Point 选项卡，显示 GCP 参数。

（3）在 Image Point Standard Deviations（pixels）微调中定义标准离差为 X：0.33/Y：0.33。

（4）单击 Type 列表，选择 Same Weighted Values。

（5）单击 Run 按钮，进行航空三角测量，打开 Triangulation Summary 对话框。

6）执行图像正射校正

在 LPS 工程管理器视窗中进行如下操作。

（1）单击 Process 中的 Ortho Rectification 列，单击 Resampling 打开 Ortho Resampling 窗口选项卡（图 9-14）。

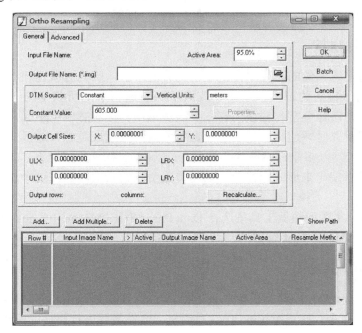

图 9-14　Ortho Resampling 窗口

（2）在 Active Area 微调框中输入 95.0%。

（3）确定 DTM Source 列表中为常数 Constant。

（4）在 Constant Value 微调框中输入高度为 605.000。

（5）在 Output Cell Sizes 微调框中输入像元大小。

（6）打开 Advanced 选项卡，确认重采样方法 Resampling Method 为 Bilinear Interpolation。

（7）单击 Add Multiple 按钮，打开添加图像 Add Multiple Output 对话框。

（8）选中 Use Current Cell Size 复选框，使其他正射图像输出的像元大小与设置相同。

（9）单击 OK 按钮，出现文件已经存在的提示对话框，单击 OK 按钮，LPS 工程管理器视图中的其他图像显示在重采样列表中，单击 OK 按钮，开始进行图像重采样处理。图像重采样处理完成后，单击 OK 按钮。在 LPS 工程管理器视窗中，图像列表中的 Ortho 列变绿，说明所要处理过程完成。

7）保存和关闭工程文件

在 LPS 工程管理器视窗中进行如下操作。

（1）单击 File | Save 命令，保存工程文件。

（2）单击 File | Close 命令，关闭工程文件。

（3）单击 File | Exit 命令，退出 LPS 工程管理器。

9.1.2　影像拼接

在利用遥感图像的过程中，由于研究者的要求，研究区域往往不能刚好就是一幅遥感图像覆盖的范围，或小于或大于一般遥感系统所获得的一幅图像的面积，这为遥感图像分割与镶嵌的存在提供了理由。在遥感应用中通常还存在另一种情况，即研究区域超出单幅遥感图像所覆盖的范围或是感兴趣区的目标对象延伸分布很广，涉及多景遥感图像（韩玲等，2004）。在这种情况下，就需要将两幅或多幅图像拼接起来形成一幅或一系列覆盖全区的较大图像，这个过程就是遥感图像镶嵌。

在 ERDAS 图标面板工具条选择 Data Prep 图标 | Mosaic Images | Mosaic Tool 命令，打开 Mosaic Tool 对话框。

1. 加载拼接图像

（1）在 ERDAS 图标面板菜单条选择 Main | Data Preparation | Mosaic Images | Mosaic Tool 命令，打开 Mosaic Tool 对话框。选择需要进行拼接的两个图像文件。

（2）再选择 Images Area Options 标签，进入 Images Area Options 页面，如图 9-15 所示，进行拼接图像的选择。

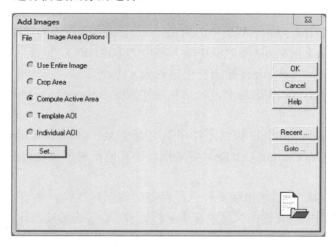

图 9-15　Add Images 对话框 Images Area Options 标签

（3）这里选择计算活动区（Compute Active Area）按钮，并单击 Set，打开 Active Area Options 对话框，设置如下参数。

Select Search Layer：指定哪个图层用于活动区的选择。

Background Value Range：背景值范围，即根据 from，to 设置某一光谱波段或光谱值为背景值，在运行拼接过程中落入该光谱范围内的图像不参与拼接运算。

Boundary Search Type：边界搜索类型，包括 Corner 和 Edge 选项。选择 Corner 时可以对 Crop Area 进行设置。

2. 图像重叠组合

（1）在 Mosaic Tool 工具条选择 Set Model for Input Images 按钮，进入图像设置模式状态。Mosaic Tool 工具条会出现与该模式对应的调整图像叠置次序的编辑按钮。

（2）利用工具库对图像进行上下调整，确定拼接方案。

3. 图像匹配设置

（1）在 Mosaic Tool 工具条选择 Display Color Corrections 按钮，打开色彩校正（Color Corrections）对话框，如图 9-16 所示。

（2）选中 Use Histogram Matching 按钮，单击 Set，打开 Histogram Matching（直方图匹配）执行影响的色调调整。

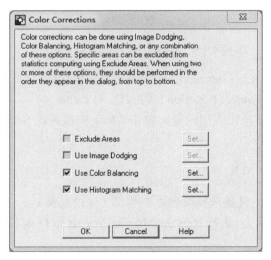

图 9-16　Color Corrections 对话框

（3）匹配方法（Matching Method）为 Overlap Areas，即只利用叠加区直方图进行匹配。直方图类型（Histogram Type）为 Band by Band，即分别从红、绿、蓝

三个波段进行灰度的调整（如果是多波段，则表示逐波段进行一一对应的灰度）。

（4）单击 OK 按钮，保存设置，返回到 Color Corrections 对话框，在 Color Corrections 对话框中再次单击 OK 按钮退出。

（5）在 Mosaic Tool 工具条中选择 Set Mode for Intersection 按钮，进入设置图像关系模式的状态。

（6）在 Mosaic Tool 工具条选择叠加函数（Set Overlap Function）按钮，如图 9-17 所示。

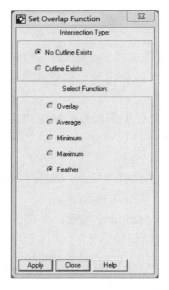

图 9-17　　Set Overlap Function 对话框

（7）设置叠加方法（Intersection Type）为无剪切线（No Outline Exists），重叠区像元灰度计算（Select Function）为羽化（Feather）。

（8）单击 Apply 按钮应用设置，单击 Close 按钮关闭 Set Overlap Function 对话框。

4. 运行 Mosaic 工具

（1）在 Mosaic 工具条选择输出影响模型（Set Mode For Output Images）按钮，进入输出模式设置状态。选择 Run the Mosaic Process to Disk 按钮，打开 Output File Name 对话框。

（2）输出文件名，选择 Output Options 标签，选中忽略统计输出值（Stats Ignore Value）复选框。

（3）单击 OK 按钮，关闭 Run Mosaic 对话框，运行图像拼接。

9.1.3　影像裁剪

实际工作中，我们经常会得到一幅覆盖较大范围的图像，而我们需要的数据只覆盖其中一小部分。为节约磁盘存储空间，减少数据处理时间，常常需要对图像进行分幅裁剪（韦玉春，2007）。

裁剪可以利用 AOI 工具创建裁剪多边形，然后利用分幅工具进行分割，步骤如下。

（1）打开要裁剪的图像，在 Viewer 图标面板菜单条选择 AOI | Tools 菜单，打开 AOI 工具条。

（2）应用 AOI 工具绘制多边形 AOI，将多边形 AOI 保存在裁剪图像文件中。

注意：如果一次绘制多个 AOI，需要按住 Shift 键选择绘制的所有 AOI，否则默认选择最后一次绘制的 AOI。

（3）在 ERDAS 图标面板菜单条选择 Main | Data preparation | Subset Image 命令，打开 Subset 对话框。

（4）选择处理图像数据 dmtm.img 文件。

（5）输出文件名称，并设置存储路径。

（6）单击 AOI，打开 Choose AOI 对话框，如图 9-18 所示。

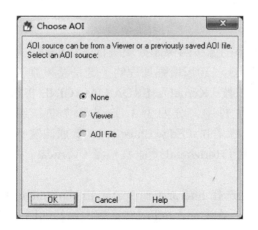

图 9-18　Choose AOI 对话框

（7）选择 AOI 的来源为 Viewer。如果是 Viewer，需注意如果需要多个 AOI，应在 Viewer 中按住 Shift 键选中所需要的 AOI；如果是 AOI File，则进一步选择步骤（2）中保存的 dmtm_aoi。

（8）输出数据类型为：Unsigned 8 bit，Continuous。

（9）输出统计忽略 0 值，选中 Ignore Zero In Output Stats 复选框。

（10）设置输出波段，这里选 1～7。

（11）单击 OK 按钮，关闭 Subset 对话框，执行图像裁剪。

9.2　图　像　增　强

遥感图像增强是指按特定的需要突出一幅遥感图像中的某些信息，同时削弱或去除某些不需要信息的处理方法（樊旭艳等，2006）。其目的是要改善图像的视觉效果，针对给定图像的应用场合，有目的地强调图像的整体或局部特性，将原来不清晰的图像变得清晰或强调某些感兴趣的特征，扩大图像中不同物体特征之间的差别，抑制不感兴趣的特征，改善图像质量、丰富信息量、加强图像判读和识别效果，满足某些特殊分析的需要。图像增强的实质是增强感兴趣地物和周围地物图像间的反差（韦玉春，2007）。图像增强技术基本上可分为空间域增强、辐射增强、光谱增强三类。

9.2.1　空间域增强

空间域增强是有目的地突出图像的某些特征，如突出边缘或线性地物；也可以去除某些特征，如抑制在图像后期或传输过程中产生的各种噪声。

1. 卷积增强

卷积增强是将整个图像按照像元分块进行平均处理，用于改变图像的空间频率特征（赵英时等，2003）。卷积增强处理的关键是卷积算子——系数矩阵的选择，该系数矩阵又称为卷积核（Kernel）。ERDAS IMAGINE 将常用的卷积算子放在一个名为 default.klb 的文件中，分为 3×3、5×5 和 7×7 三组，每组又包括边缘检测（Edge Detect）、边缘增强（Edge Enhance）、低通滤波（Low Pass）、高通滤波（High Pass）、水平检测（Horizontal）、垂直检测（Vertical）和交叉检测（Summary）等多种不同的处理方式。

在 ERDAS 菜单上选择 Interpreter | Spatial Enhancement | Convolution 命令，打开 Convolution 对话框。在 Convolution 对话框中进行如图 9-19 所示的参数设置。

（1）选择处理图像文件（Input File）为 lanier.img 文件。

（2）设置输出文件（Output File）的名称与路径。

（3）Kernel 列表为卷积算子类型，这里采用 Kernel Library 下 default.klb 中的 3×3 Edge Detect。

（4）Handle Edges By 为边缘处理方法，这里选 Reflection。

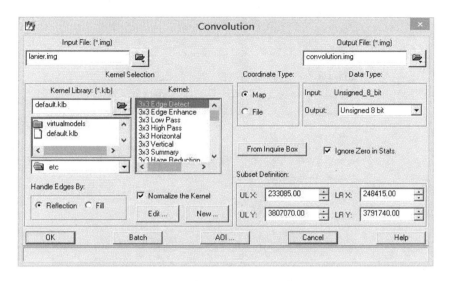

图 9-19　Convolution 对话框

（5）卷积归一化处理，选中 Normalize the Kernel 复选框。

（6）设置 Coordinate Type 为 Map。

（7）设置输出数据类型（Output Data Type）为 Unsigned 8 bit。

（8）单击 OK 按钮，执行 Convolution 处理，检测后的结果突出了边缘信息。

2. 非定向边缘增强

非定向边缘增强（Non-direction Edge Enhance）是卷积增强的一个应用，其目的是突出边缘、轮廓、线状目标信息，起到锐化的效果。它使用两个常用的滤波器（Sobel 和 Previtt），首先通过水平检测算子（Horizontal）和垂直检测算子（Vertical）进行检测，前后将两个检测结果进行平均化处理，非定向边缘增强的操作非常简单，关键是滤波器的选择。Sobel 滤波器是在 Previtt 滤波器的基础上对 4-邻域采用加权方法进行差分，因而对边缘的检测更加精确。非定向边缘增强可以在上节的卷积增强里面自定义 Sobel 和 Previtt 算子，从而实现非定向边缘增强的功能（浦瑞良等，2000）。

在 ERDAS 菜单上选择 Interpreter | Spatial Enhancement |Non-directional Edge 命令，打开 Non-directional Edge 对话框。在 Non-directional Edge 对话框中进行如图 9-20 所示参数设置。

（1）选择处理图像文件（Input File）为 lanier.img 文件。

（2）设置输出文件（Output File）。

（3）设置 Coordinate Type 为 Map。

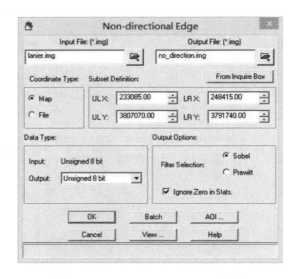

图 9-20　Non-directional Edge 对话框

（4）Subset Definition 为处理的范围，在 UL X/Y、LR X/Y 微调框中输入需要的数值（默认为整个图像的范围，也可以用 Inquire Box 设定处理范围）。

（5）设置输出数据类型（Output Data Type）为 Unsigned 8 bit。

（6）选择滤波器（Filter Selection），这里选择 Sobel。

（7）选中 Ignore Zero in Stats 复选框，表示在输出数据统计时忽略 0 值。

（8）单机 OK 按钮，执行非定向边缘增强（Non-directional Edge Enhance）处理。

3. 聚焦分析

聚焦分析（Focal Analysis）与滤波的方法相似，基本的思想也是用所选窗口内的图像按照聚焦函数的定义进行计算，它可以取邻域内所有像元的和、最大值、最小值、均值、中值、标准差等作为新像元的值，从而达到图像增强的目的。

在 ERDAS 菜单上选择 Interpreter | Spatial Enhancement | Focal Analysis 命令，打开 Focal Analysis 对话框。在 Focal Analysis 对话框中进行如图 9-21 所示的参数设置。

（1）选择处理图像文件（Input File）为 lanier.img 文件。

（2）设置输出文件（Output File）。

（3）设置 Coordinate Type 为 Map。

（4）Subset Definition 为处理的范围，在 UL X/Y，LR X/Y 微调框中输入需要的数值（默认为整个图像的范围，也可以用 Inquire Box 设定处理范围）。

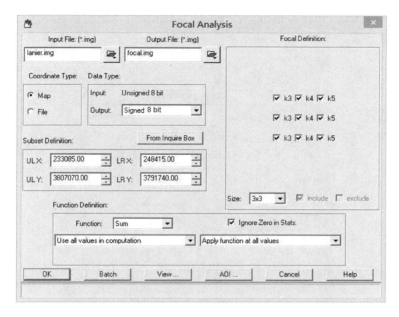

图 9-21　Focal Analysis 对话框

（5）设置输出数据类型（Output Data Type）为 Signed 8 bit。

（6）选择聚焦窗口（Focal Definition，包括窗口大小和形状），这里选 3×3，形状全选，也可以根据需要选择其他形状，方法就是在需要保留的像元对应复选框处打钩。

（7）定义处理函数（Function Definition），这里选求和（Sum），也可以选择其他的（如 Min/Mean/SD/Median）；下面的两个下拉框是选择哪些像元参与运算，哪些不参与。

（8）选中 Ignore Zero in Stats 复选框，表示在输出数据统计时忽略 0 值。

（9）单击 OK 按钮，执行聚焦分析（Focal Analysis）。

4. 自适应滤波

自适应滤波（Adapter Filter）是适应 Wallis Adaptive Filter 方法对图像的感兴趣区（AOI）进行对比的拉伸，从而达到图像增强的目的。自适应滤波的关键问题是移动窗口大小（Moving Window Size）的选择和乘积倍数大小（Multiplier）的定义，移动窗口的大小可以任意选择，如 3×3、5×5、7×7 等，通常都是奇数，而乘积倍数大小（Multiplier）是为了扩大图像反差或对比度，可以根据需要确定，系统默认值为 2.00。

在 ERDAS 菜单上选择 Interpreter | Spatial Enhancement | Adapter Filter 命令，打

开 Wallis Adaptive Filter 对话框。在 Wallis Adaptive Filter 对话框中进行如图 9-22 所示的参数设置。

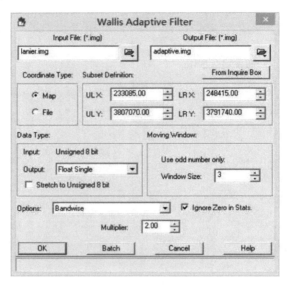

图 9-22　Wallis Adaptive Filter 对话框

（1）选择处理图像文件（Input File）为 lanier.img 文件。

（2）设置输出文件（Output File）。

（3）设置 Coordinate Type 为 Map。

（4）Subset Definition 为处理的范围，在 UL X/Y、LR X/Y 微调框中输入需要的数值（默认为整个图像的范围，也可以用 Inquire Box 设定处理范围）。

（5）设置输出数据类型（Output Data Type）为 Float Single。

（6）Moving Window Size 表示移动窗口大小，这里为 3（3×3）。

（7）输入文件选择（Options）Bandwise（逐个波段进行滤波）或 PC（仅对主要成分变换），这里选择前者。

（8）定义乘积倍数（Multiplier）为 2（用于调整对比度）。

（9）选中 Ignore Zero in Stats 复选框，表示在输出数据统计时忽略 0 值。

（10）单击 OK 按钮执行 Wallis Adaptive Filter 自适应滤波处理。

5. 统计滤波

统计滤波（Statistical Filter）是应用 Sigma Filter 方法对用户选择图像区域外的像元进行改进处理，从而达到图像增强的目的。统计滤波方法最早使用在雷达图像斑点噪声压缩（Speckled Suppression）处理中，随后引入光学图像的处理。

在统计滤波操作中，移动窗口大小被固定为 5×5，而乘积倍数大小可以在 4.0、2.0、1.0 之间选择。统计滤波处理的操作比较简单，关键是理解其处理的原理、选择合适的参数，才能获得比较满意的处理结果。

在 ERDAS 菜单上选择 Interpreter | Spatial Enhancement | Statistical Filter 命令，打开 Statistical Filter 对话框。在 Statistical Filter 对话框中进行如图 9-23 所示的参数设置。

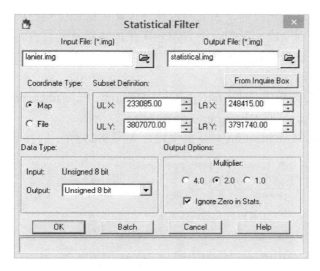

图 9-23　Statistical Filter 对话框

（1）选择处理图像文件（Input File）为 lanier.img 文件。

（2）设置输出文件（Output File）。

（3）设置 Coordinate Type 为 Map。

（4）Subset Definition 为处理的范围，在 UL X/Y、LR X/Y 微调框中输入需要的数值（默认为整个图像的范围，也可以用 Inquire Box 设定处理范围）。

（5）设置输出数据类型（Output Data Type）为 Unsignde 8 bit。

（6）定义乘积倍数（Multiplier）为 2.0。

（7）选中 Ignore Zero in Stats 复选框，表示在输出数据统计时忽略 0 值。

（8）单击 OK 按钮执行 Statistical Filter 处理。

9.2.2　辐射增强

辐射增强是一种通过直接改变图像中像元的灰度值来改变图像的对比度，从而改善图像效果的图像处理方法。一般来说，原始遥感数据的灰度值范围比较窄，这个范围通常比显示器的显示范围小得多（朱述龙等，2006）。增强处理可以将其灰度范围拉伸到 0～255 的灰度级来显示，从而提高图像对比度，视觉效果得以改善。

1. 直方图均衡化

直方图均衡化（Histogram Equalization）实质上是对图像进行非线性拉伸，重新分配像元值，使一定灰度范围内像元的数量大致相等，原图像上频率小的灰度级被合并，频率高的被拉伸，因此可以使亮度集中的图像得到改善，增强图像上大面积地物与周围地物的反差。直方图均衡化的本质就是将直方图不符合正态分布的原始图像经过一个转换函数变成直方图基本符合正态分布的新图像，从而达到图像增强的目的。

在 ERDAS 菜单上选择 Interpreter | Radiometric Enhancement | Histogram Equalization 命令，打开 Histogram Equalization 对话框。

在 Histogram Equalization 对话框中进行如图 9-24 所示的参数设置。

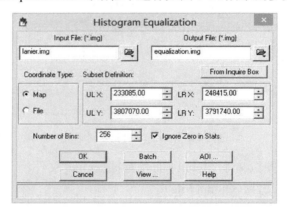

图 9-24　Histogram Equalization 对话框

（1）选择处理图像文件（Input File）为 lanier.img 文件。

（2）设置输出文件（Output File）。

（3）设置 Coordinate Type 为 Map。

（4）Subset Definition 为处理的范围，在 UL X/Y、LR X/Y 微调框中输入需要的数值（默认为整个图像的范围，也可以用 Inquire Box 设定处理范围）。

（5）Number of Bins 表示输出数据分段（默认为 256，可以小一些）。

（6）选中 Ignore Zero in Stats 复选框，表示在输出数据统计时忽略 0 值。

（7）单击 View 按钮可以打开模型生成器的窗口，浏览 Equalization 的空间模型。

（8）单击 OK 按钮，进行直方图均衡化（Histogram Equalization）处理。可以

在 Viewer 窗口的 Utility | Layer Infor 里面查看它们的直方图，可以看到一定灰度范围内的像元数量已大致相等。

2. 直方图匹配

直方图匹配（Histogram Match）是对图像查找表进行数学变换，使一幅图像某个波段的直方图与另一幅图像对应波段类似，或使一幅图像所有波段的直方图与另一幅图像的所有对应波段类似。

在 ERDAS 菜单上选择 Interpreter | Radiometric Enhancement | Histogram Matching 命令，打开 Histogram Matching 对话框，在该对话框中进行如图 9-25 所示的参数设置。

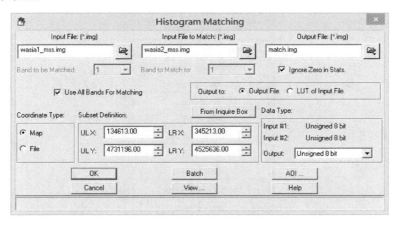

图 9-25　Histogram Matching 对话框

（1）选择处理图像文件（Input File）为匹配文件 wasia1_ mss.img 文件。

（2）选择输入匹配文件（Input File to Match）为 wasia2_ mss.img 文件。

（3）设置输出文件（Output File）。

（4）Band to be matched 为需要匹配的波段。

（5）Band to match to 为匹配参考波段，也可以选择所有波段（Use All Bands For Matching 复选框），此处选择所有波段。

（6）设置 Coordinate Type 为 Map。

（7）Subset Definition 为处理的范围，在 UL X/Y、LR X/Y 微调框中输入需要的数值（默认为整个图像的范围，也可以用 Inquire Box 设定处理范围）。

（8）选中 Ignore Zero in Stats 复选框，表示在输出数据统计时忽略 0 值。

（9）单击 View 按钮可以打开模型生成器的窗口，浏览 Eualization 的空间模型。

（10）单击 OK 按钮，进行直方图匹配（Histogram Match）处理。

9.2.3　光谱增强

多光谱遥感影像，特别是陆地卫星的 TM 等传感器，波段多、信息量大，对图像解译很有价值。但数据量太大，在图像处理计算时，也常常耗费大量的机时和占据大量的磁盘空间。实际上，一些波段的遥感数据之间都有不同程度的相关性，存在着数据冗余。多光谱变换方法可通过函数变换，达到保留主要信息、减少数据量、增强或提取有用信息的目的。

ERDAS IMAGINE 9.3 软件中光谱增强如图 9-26 所示。

图 9-26　Spectral Enhancement 对话框

1. 主成分变换

主成分变换（Principal Component Analysis）又称 K-L（Karhunen-Loeve）变换、霍特林（Hotelling）变换、本征向量变换或去相关变换，是基于变量之间的相关关系，在尽量不丢失信息的前提下的一种线性变换方法，主要用于数据压缩和信息增强。

ERDAS 软件中进行主成分变换的步骤如下。

（1）选择 Interpreter | Spectral Enhancement | Principal Components 命令，打开 Principal Components 对话框。

（2）选择处理图像文件（Input File）为 dmtm.img 文件。

（3）设置输出文件（Output File）。

（4）Data Type：查看变换图像的数据类型及设置变换后图像的数据的输出类型。

（5）Coordinate Type：选择 Map。

（6）Subset Definition：定义变换区域，默认时为整幅图像；UL X、UL Y、LR X、LR Y 分别表示变换区域左上角 X、Y 坐标和右下角 X、Y 坐标。

（7）From Inquire Box：由 Viewer 窗口的 Inquire Box 定义变换区域。

（8）Output Options：输出文件复选框，选中 Stretch to Unsigned 8 bit 表示将数据拉伸到 0～255，选中 Ignore Zero in Stats 表示对输出数据进行统计时忽略 0 值。

（9）Eigen Matrix：特征矩阵输出设置，选中 Show in Session Log 复选框表示需在运行日志中显示。选中 Write to file 复选框表示需写入特征矩阵文件，相应地，在 Output Text File 中输入特征矩阵文件存储路径及名称。

（10）在 Number of Components Desired 列表中选择 3。

（11）单击 OK 按钮，执行主成分变换（图 9-27）。

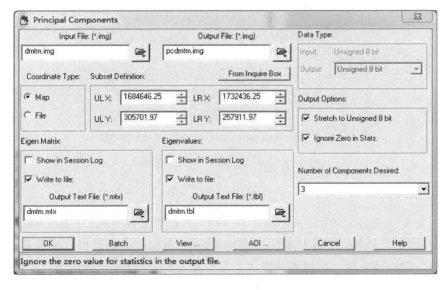

图 9-27　Principal Components 对话框

2. 去相关拉伸

去相关拉伸（Decorrelation Stretch）处理，可以增强饱和度且保留色度信息，有利于图像解译。去相关拉伸的步骤如下。

（1）选择 Interpreter | Spectral Enhancement | Decorrelation Stretch 命令，打开 Decorrelation Stretch 对话框。

（2）选择处理图像文件（Input File）为 dmtm.img 文件。

（3）设置输出文件（Output File）。

（4）Data Type：查看变换图像的数据类型及设置变换后图像的数据的输出类型。

（5）Coordinate Type：选择 Map。

（6）选中 Ignore Zero in Stats 表示对输出数据进行统计时忽略 0 值。

（7）单击 OK 按钮，执行去相关拉伸（图 9-28）。

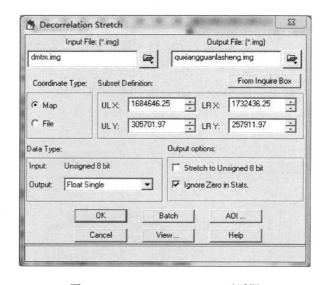

图 9-28　Decorrelation Stretch 对话框

3. 缨帽变换

1976 年，Kauth 和 Thomas 构造了一种新的线性变换方法，Kauth-Thomas 变换，简称 K-T 变换，形象地称为"缨帽变换"。缨帽变换的思想，相当于旋转坐标空间，但旋转后的坐标轴不是指到主成分的方向，而是指到另外的方向，这些方向与地物有密切关系，特别是与植物生长过程和土壤有关。缨帽变换即可实现信息压缩，又可以帮助解译分析农作物特征，因此有很大的实际应用意义。

ERDAS 软件中进行缨帽变换的步骤如下。

（1）选择 Interpreter | Spectral Enhancement | Tasseled Cap 命令，打开 Tasseled Cap 对话框（图 9-29）。

（2）选择处理图像文件（Input File）为 lanier.img 文件。

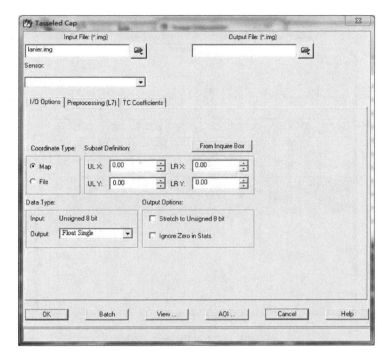

图 9-29　Tasseled Cap 对话框

（3）设置输出文件（Output File）。

（4）在 Sensor 文本框中选择传感器类型（依据数据来源，它直接决定变换系数表 TC Coefficients）。

（5）在 Coordinate Type 选择框中选择 Map。

（6）在 Subset Definition 中确定处理范围，在 UL X/Y、LR X/Y 微调框中输入需要的数值。

（7）若需输出数据拉伸到 0～255，选中 Stretch to Unsigned 8 bit 复选框。

（8）若需输出数据统计时忽略 0 值，选中 Ignore Zero in Stats 复选框。

（9）Preprocessing（L7）对话框只对 Landsat7 数据进行设置；这里选择默认设置。

（10）TC Coefficients 对话框的表格罗列了待变换图像每一层的系数。*.toc 文件包含了一个系数矩阵，多出的一列称为 Additive；单击表格相应的位置可以改变相应系数的值（图 9-30）。

（11）单击 OK，执行缨帽变换。

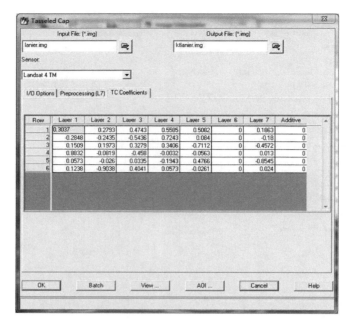

图 9-30　TC Coefficients 对话框

4. 代数运算

对于多波段遥感图像和经过空间配准的两幅或多幅单波段遥感图像，可以通过代数运算来突出特定的地物信息，从而达到某种增强的目的。根据地物本身在不同波段的灰度差异，通过不同波段之间简单的代数运算产生新的"波段"，达到突出感兴趣的地物信息、抑制不感兴趣的地物信息的目的。代数运算又可以为加、减、乘、除及混合运算形式。

代数运算在 ERDAS 软件中的操作步骤如下。

（1）选择 Interpreter | Spectral Enhancement | Indices 命令，打开 Indices 对话框。

（2）选择处理图像文件（Input File）为 dmtm.img 文件。

（3）设置输出文件（Output File）。

（4）在 Coordinate Type 选择框中选择 Map。

（5）在 Sensor 中选择影像传感器类型。

（6）在 Select Function 选择需要计算的类型。

（7）Data Type：查看变换图像的数据类型及设置变换后图像的数据的输出类型。

（8）单击 OK，完成指数计算（图 9-31）。

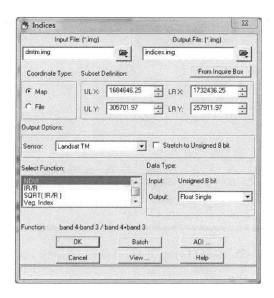

图 9-31　Indices 对话框

9.3　图 像 分 类

图像分类就是基于图像像元的数据文件值，将像元归并成预定的类型、等级或数据集的过程。也就是说，同类地物在相同的条件下（光照、地形）应该具有相同或相似的光谱信息和空间信息特征（Vane et al.，1993）。

9.3.1　监督分类

1. 定义分类模版

EDRAS IMAGINE 的监督分类是基于分类模板来进行的，而分类模板的生成、管理、评价和编辑等功能，是由分类模板编辑器来负责的。毫无疑问，分类模板编辑器是进行监督分类不可缺少的部分。在分类模板编辑器中生成分类模板的基础是待分类原始图像和其特征空间图像。因此，显示这两种图像的窗口也是进行监督分类的重要部分。定义分类模板的具体步骤如下。

1）打开需要分类的影像

单击 ERDAS | Viewer 面板，打开需要进行分类的图像（sip.img），并在 Raster Option 中设置 Red | Green | Blue 分别为 4 | 5 | 3（以 landsat 为例），选择 Fit To Frame，如图 9-32 所示。

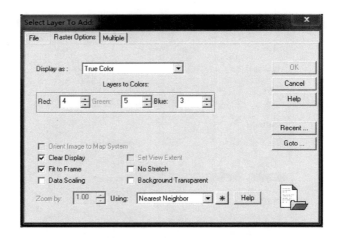

图 9-32　Select Layer To Add 对话框（彩图见书后）

2）打开分类模板编辑器

打开分类模板编辑器的方法有以下两种。

（1）选择 Classifier 图标 |Classification 第一个 Signature Editor 命令，打开分类模板编辑器（Signature Editor）对话框，如图 9-33 所示。

（2）在 ERDAS 图标面板菜单条上，选择 Main | Image Classification | Classification | Signature Editor 命令，打开分类模板编辑器（Signature Editor）。

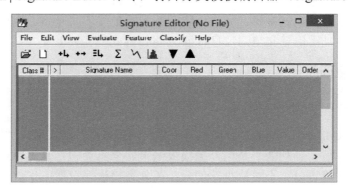

图 9-33　Signature Editor 对话框

3）调整属性字段

在分类编辑窗口中的分类属性表中有很多字段，可以对不需要的字段进行调整。选择分类编辑窗口的 View| Column，打开 View Signature Columns 对话框（图 9-34），选中需要显示的字段（选中多个时按住 Shift 键），单击 Apply 按钮显示发生变化，单击 Close 按钮关闭窗口。

图 9-34　View Signature Columns 对话框

4）选取样本

基于先验知识，需要对遥感图像选取训练样本，包括生成 AOI、合并、命名，从而建立样本。考虑同类地物颜色差异，在采样过程中每一地类的采样点（即 AOI）不少于 10 个。选取样本包括生成 AOI 和建立分类模板两个步骤。

（1）生成 AOI。

生成 AOI 的方法有以下 4 种。

第 1 种，应用 AOI 绘图工具在原始图像上获取。

在 Viewer 窗口中打开 Raster | Tool | 按钮，进行 AOI 绘制，在 View 窗口中选择一种典型的地物样本，绘制成一个多边形 AOI（图 9-35）。

图 9-35　绘制多边形 AOI

第 2 种，应用 AOI 扩展工具获取。

① Viewer 窗口 | AOI | Seed Properties | Options…

② 设置相邻像元值扩展方式，即在 AOI 区域周围搜索相近像元的方式，可以选择向周围 4 个方向进行搜索，也可以选择向周围 8 个方向进行搜索。

③ 设置最大可搜索的像元面积或最大可搜索的像元距离。

④ 设置光谱距离。在 Region Grow Option 对话框设置光谱距离，图 9-36 为 Region Growing Properties 窗口的参数及其含义，单击 Close 按钮关闭窗口。光谱距离是建立模板时的重要标志，光谱距离的大小，直接影响各类别之间的可分离度，具体数值大小根据遥感信息源及研究区域判定。

⑤ 在 Viewer 窗口中打开 Raster | Tool ✎，可以依据区域扩展条件自动扩展生成一个 AOI，也可修改 Region Grow Option 窗口参数（图 9-37），生成满意的 AOI。

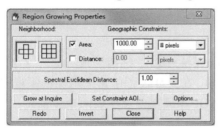　　　　

图 9-36　Region Growing Properties 对话框　　　图 9-37　Region Grow Option 对话框

第 3 种，应用查询光标系统扩展方法生成 AOI。

① 　单击 Viewer | AOI | Seed Properties | 打开 Region Growing Properties 窗口。

② 　单击 Viewer | Utility | 打开 Inquire Cursor 对话框或者单击图像工具条上的 ✛ 按钮，打开 Inquire Cursor 后，在原始图像上出现十字光标，移动光标 Inquire Cursor，对话框的坐标值和各波段数值均会发生相应的变化（图 9-38 和图 9-39）。

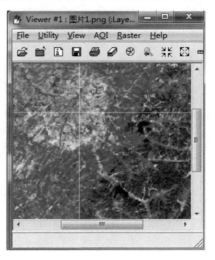

图 9-38　Viewer 十字光标窗口（彩图见书后）

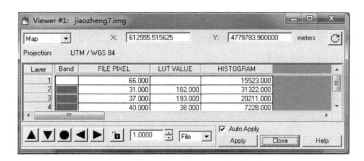

图 9-39　Inquire Cursor 对话框

③ 单击 Region Growing Properties | Grow Inquire 在原始图像上会自动产生一个新的 AOI。

第 4 种，在特征空间图像上生成 AOI。

特征空间图像是依据待分类的原始图像，将任意两个波段分别作横、纵坐标值而形成的图像。前 3 种方法在原始图像上应用 AOI 产生的模板均属于参数模板，而在特征空间图像中应用 AOI 产生的模板属于非参数型模板。

① 生成特征空间图像。

选择 Classifier 图标|Signature Editor | Feature | Create | Feature Space Layers 命令，打开 Create Feature Space Images 对话框（图 9-40）。

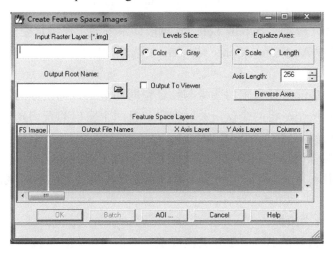

图 9-40　Create Feature Space Images 对话框

选择图像（sig.img）文件（Input Raster Layer）和输出文件根名（Output Root Name）。

其中 Levels Slice 的 Color 选项为产生彩色的图像，它的 Gray 选项产生黑白图像。Output To Viewer 复选框为确定生成的输出特征空间图像自动在一个窗口中打开。Feature Space Layers 选项中显示了特征图像及图像由哪些波段组成。在设置完以上选项后，单击 OK。

② 关联原始图像与特征图像。

单击 Signature Editor | Feature | View | Linked Cursors，打开 Linked Cursors 对话框（图 9-41）。

图 9-41　Linked Cursors 对话框

Viewer 窗口输入或者单击 Select，再根据系统提示在特征空间图像窗口单击下，也可以选中 All Feature Space Viewers 复选框，使原始图像与所有的特征图像关联。

Set Cursor Colors 设置窗口图像与特征空间图像中查询光标的显示颜色。

单击 Link 按钮，将两个窗口关联起来，且两个窗口的查询光标将同时移动，以便查看十字光标处特征空间图像值。

③ 确定图像类型空间的位置，并在特征图像上绘制 AOI 区域。

Raster 面板 | ☑在特征空间图像窗口中选择与类别对应的区域，绘制一个多边形 AOI。

（2）建立分类模板。

① 选中编辑好的 AOI，在分类模板编辑器窗口，单击 ⁺↳ 按钮，将多边形 AOI 区域加载到分类模板属性表中。在同样颜色的区域多绘制一些 AOI，分别加载到分类模板属性表中。

② 在分类模板属性表中，选中加载后相同地物的 AOI，并单击 ☰↳ 将所选中的模板合并成一个新的模板（图 9-42），Class11 为合并后的模板。

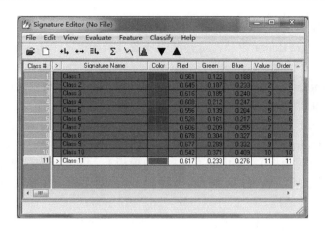

图 9-42　Signature Editor 建立分类模板对话框

③ 生成新模板后，在分类模板属性表中，单击 Edit | Delete，删除合并前的模板，并单击 Signature Name 进入输入状态，输入对应的类别名称，单击 Color 设置颜色。

④ 重复以上步骤对所有的类型建立分类模板。

5）保存分类模板

选择 Signature Editor 面板下 File | Save 命令，打开保存对话框确定是保存所有模板（All）或只是保存被选中的模板（Selected），并确定保存分类模板文件的目录和文件名，单击 OK 按钮进行保存。

2. 评价分类模板

分类模板建立后，用模板编辑器（Signature Editor）来观看每个模板的内容，测试确定的模板数据是否真正代表每一类别将要分类的要素，需要对其进行评论、删除、更名、与其他分类模板合并等操作。分类模板的合并可使用户应用来自不同训练方法的分类模板进行综合分类，这些模板训练方法包括监督、非监督、参数化和非参数化。

ERDAS IMAGINE 9.3 提供的分类模板评价工具包括分类预警评价、可能性矩阵、特征对象、特征空间、分类图像掩膜、直方图方法、类别分离性分析和类别统计分析等。当然，不同的评价方法有不同的应用范围。例如，不能用分离性分析对非参数化的分类模板进行评价，而且要求分类模板中应具有 5 个以上的类别。

1）分类预警评价

分类预警评价是根据平行六面体分割规则将原属于或估计属于某一类别的像元在窗口加亮显示，一次预警可以针对一个类别或多个类别，默认的活动类别是 Signature Editor 中 ">" 符号旁边的类别。经过以下步骤完成操作。

（1）产生分类预警掩膜。

① 在 Signature Editor 窗口，选择某类或者几类模板，单击 View | Image Alarm | Signature Alarm 对话框。

② 选中 Indicate Overlap 复选框，设置同时属于两个及以上的像元叠加预警显示，单击色框设置颜色。

③ 单击 Edit Parallelepiped Limit | Limit | Set，设置计算方法（Method）：Minimum/Maximum（最小/最大）或者 Std.Derivation（标准差），并选择使用的模板：Current（当前面板）、Selected（选定的模板）、All（所有模板）。

④ 设置完成后，单击 OK 按钮，返回 Limits 对话框，单击 Close 按钮，返回 Signature Alarm 对话框。

⑤ 单击 OK 按钮执行分类预警评价，形成预警掩膜。

⑥ 单击 Close 按钮，关闭 Signature Alarm 对话框。

（2）查看分析预警掩膜。

运用图像叠加显示功能，查看分析预警掩膜与图像间的关系，如闪烁显示、混合显示、卷帘显示。

（3）删除分类预警掩膜。

单击 View | Arrange Layers 命令，右键单击 Alarm Mask，弹出 Layer Options| Delete Layer 命令，Alarm Mask 图层则被删除，并单击 Apply 按钮，选择不保存，单击 Close。

2）可能性矩阵

根据分类模板，分析 AOI 训练区的像元是否完全落在相应的类别中。其输出结果是百分比矩阵，表明每个 AOI 训练区中有多少像元分别属于相应的类别。

选中 Signature Editor 属性表中的所有类别，单击 Evaluate | Contingency | Contingency Matrix 对话框（图 9-43），选择合适参数后单击 OK 按钮，便显示分类误差矩阵（图 9-44）。如果误差矩阵值小于 85%，则需要重新建立模板。

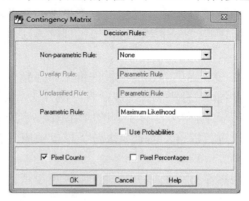

图 9-43　Contingency Matrix 对话框

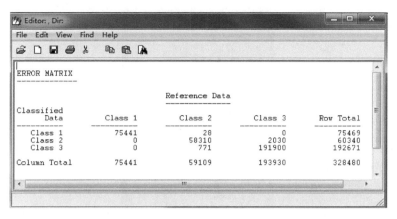

图 9-44　分类误差矩阵

3）分类图像掩膜

该工具适用于产生特征空间的模板，使用时可以基于一个或多个特征空间模板，默认的是当前处于活动状态的模板。如果特征空间模板被定义为一个掩膜，则图像文件会对该掩膜下的像元做标记，这些像元在窗口中也将被高亮显示，具体步骤如下。

（1）在 Signature Editor 窗口，在分类模板属性表中选择要分析的特征空间分类模板。

（2）选择 Feature | Masking | Feature Space to Image | FS to Image Masking 对话框，勾选中 Indicate Overlay 复选框。

（3）单击 Apply 按钮，应用参数设置，产生分类掩膜，单击 Close 按钮完成设置。

4）模板对象图示

模板对象图示可以显示各类别模板的统计图，以便比较不同类别。评价时，用模板文件中的平均值与标准差计算集中度椭圆，也可生成平行六面体矩形、平均值及注记。统计图以椭圆形式显示在特征空间图像中，每个椭圆都是基于类别的平均值及其标准差。如果两个椭圆重叠较多，则这两个类别是相似的，分类不理想。对所有波段，通过椭圆图分析可以确定究竟使用哪些模板与波段可以得到准确的分类结果。

选择 Signature Editor | Feature | Object | Signature Objects 对话框（图 9-45），在 Viewer 中设置特征空间图像显示的窗口号，选中 Plot Ellipses 复选框确定绘制分类统计椭圆，确定统计标准差（Std. Dev.），单击 OK 按钮。

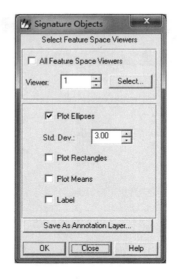

图 9-45　Signature Objects 对话框

5）类别分离性分析

类别分离性分析用于计算任意类别的统计距离，可确定两个类别间的差异性程度，也可以确定分类中效果最好的数据层。采用类别分离性分析时可以同时对多个类别进行操作，如果没有选择任何类别，则对所有的类别进行操作。在文本编辑器窗口，可以对报告结果进行分析，然后将结果保存在文本文件中。

选择 Signature Editor | Evaluate | Separability | Signature Separability 对话框（图 9-46），在该界面中，组合数据层数（Layers Per Combination）是指本工具将基于几个数据层来计算类别间的距离，选择计算距离（Distance Measure）的方法，确定输出数据格式（Output Form）和统计结果报告方式（Report Type）。Summary Report 为计算结果只显示分离性最好的两个波段组合情况，分别对应最小分离性最大和平均分离性最大；Complete Report 则不仅显示分离性最好的两个波段组合，而且要显示所有波段组合的情况。所有参数设置完成后，单击 OK 按钮。根据 Jones 判断准则，TD 的值在 0～2000，TD<1700 表示两类不能分开，反之则能分开。

6）类别统计分析

类别统计分析功能可以对类别专题层统计做评价和比较。每次只能对一个类别进行统计分析，即处于活动状态的类别就是当前进行统计的类别。

在 Signature Editor 属性表中选中需要进行统计的类别，选择 View | Statistics 命令，或者单击工具条中的∑按钮，打开 Statistics 窗口（图 9-47）。

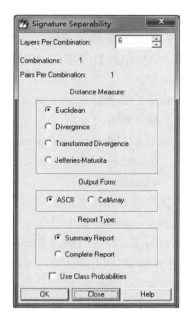

图 9-46　Signature Separability 对话框

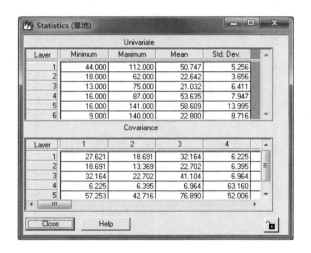

图 9-47　Statistics 窗口

3．执行监督分类

监督分类实质上就是依据所建立的分类模板、在一定的分类决策规则的条件下，对图像图元进行聚类判断的过程。在监督分类过程中，用于分类决策的规则是多类型、多层次的，如对非参数分类模板有特征空间、平行六面体等方法，对参数分类模板有最大似然法、马氏距离法、最小距离法等方法。当然，非参数规则与参数规则可以同时使用，但要注意应用范围，非参数规则只能应用于非参数型模板，而对于参数型模板，要使用参数型规则。另外，如果使用非参数型模板，还要确定叠加规则和未分类规则。

选择 Classifier | Supervised Classification | Supervised Classification 对话框（图 9-48），执行监督分类，具体步骤如下。

（1）选择处理图像（sip.img）文件（Input Raster File）。

（2）确定输入分类模板（Input Signature File）。

（3）定义输出分类文件（Classified File）。

（4）设置输出分类距离文件为 Distance File。

（5）选择非参数规则（Non-parametric Rule）。

（6）选择叠加规则（Overlap Rule），一般为 Parametric Rule 参数规则。

（7）选择未分类规则（Unclassified Rule）为 Parametric Rule。

（8）选择参数规则（Parametric Rule），一般选择 Maximum Likelihood，即最大似然。

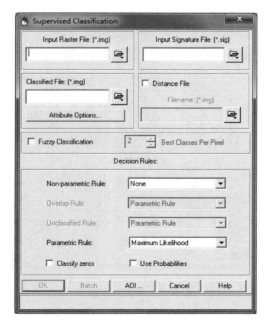

图 9-48　Supervised Classification 对话框

（9）还可以定义分类图的属性表项目，即单击 Attribute Options 按钮进行选择。

（10）最后单击 OK 即可。

4．评价分类结果

执行了监督分类后，需要对分类效果进行评价。分类精度评估是将专题分类图像中的特定像元与已知分类的参考像元进行比较，实际工作中常常是将分类数据与地面真值、先前的试验地图、航空相片或其他数据进行对比。下面是具体的操作过程。

（1）在 Viewer 中打开分类前的原始图像，以便进行精度评估。

（2）在 ERDAS 图标面板菜单条单击 Classifier 图标 | Accuracy Assessment | Accuracy Assessment 对话框（图 9-49）。

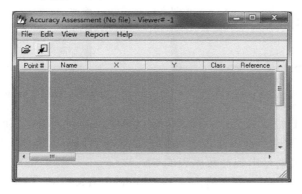

图 9-49　Accuracy Assessment 对话框

（3）将原始图像视窗与精度评估视窗相连接。Accuracy Assessment | Select Viewer（ ⚑ ）（或者菜单 View | Select Viewer），将光标在有原始图像的视窗中点击一下，原始图像视窗与精度评估视窗相连接。

（4）在精度评价对话框中设置随机点的色彩。在 Accuracy Assessment 中单击 View | Change colors | Points with no reference 设置有参考值的点的颜色，单击 OK。返回 Accuracy Assessment（图 9-50）。

（5）产生随机点。Accuracy Assessment | Edit | Create/Add Random Points | Add Random Points，添加随机点（图 9-51）。

在 Search Count 中输入确定随机点过程中使用最多的分析像元数，这个数目一般比 Number of Points 大很多：在 Number of Points 中输入大于 250 的数。

在 Distribution Parameters | Random（即将产生主绝对的点位，而不是强制性的规则）| Equalized Random（指每个类将具有同等数目的比较点）| Stratified Random（指点数与类别中涉及的像元数成正比例，但选择该复选框后可以确定一个最小点数，选择 Use Minimum points，保证小类别也有足够的分析点），单击 OK，返回 Accuracy Assessment。

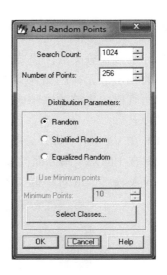

图 9-50　Change colors 面板　　　　图 9-51　Add Random Points 对话框

（6）显示随机点及其类别。在 Accuracy Assessment | View | Show Class | Values 菜单下，所有的随机点都以 4 步设置颜色显示在窗口中。选择 Edit | Show Class | Values，各点的类别号出现在数据表的 Class 字段中（图 9-52）。

（7）输入参考点的实际类别值。在 Accuracy Assessment | Reference 字段中输入各个随机点的实际类别值［只输入参考点的实际分数值，它在视窗中的色彩就变为第（4）步设置的 Points with reference 颜色］。

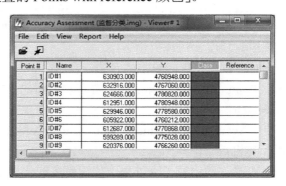

图 9-52　Accuracy Assessment 对话框

（8）设置分类评价报告输出环境及输出分类评价报告。在 Accuracy Assessment | Report | Option 界面，单击确定分类评价报告的参数。选择 Report | Accuracy Report 产生分类精度报告。有报告显示，在 ERDAS 文本编辑器窗口可以保存为文本文件。保存文本过程为 File | Save Table。保存后返回 Accuracy Assessment。

　　通过对分类结果的评价，如果达到分类精度，则保存结果。如果不满意，则可以进一步做相关修改，如修改分类模板等，或应用其他功能进行调整。

9.3.2　非监督分类

　　运用非监督分类对遥感图像进行分类的过程，主要分为以下两个步骤。

　　1）启动非监督分类模块，选择输入（sip.img）图像、输出影像

　　（1）启动非监督分类模块有两个途径：①在 ERDAS 面板工具中选择 Data Prep | Unsupervised Classification 命令，打开非监督分类对话框（图 9-53）。②在 ERDAS 面板工具中选择 Classifier | Classification | Unsupervised Classification，打开非监督分类对话框，如图 9-54 所示。

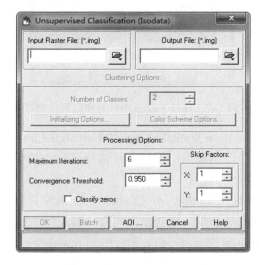

图 9-53　在 Data Preparation 中打开非监督分类对话框

　　（2）选择（sip.img）图像为处理文件（Input Raster File），同时确定输出文件（Output Cluster Layer Filename）位置与路径，并选择生成分类模板文件（Output Signature Set）。

　　2）设置初始参数，执行非监督分类

　　在非监督分类对话框中分别设置聚类选项（Clustering Options）和处理选项（Processing Options），具体如下。

　　（1）选择 Classifier | Unsupervised Classification 命令，打开非监督分类对话框，设定输入输出数据，设置聚类选项（Clustering Options），确定初始聚类方法和分类数。

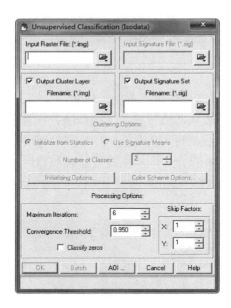

图 9-54　在 Classification 中打开非监督分类对话框

① 系统提供 Initial from Statistics 方法和 Use Signature Means，前者是按照图像的直方图统计值产生自由聚类，而后者是按照选定的模板文件进行分类，产生的类别数与模板的类别数一致。

② 确定初始分类数（Number of Classes），一般设置为最终分类数的两倍以上。例如，最终分类数是 6 类，则初始分类数一般超过 12 类。

③ 选择 Unsupervised Classification 面板中的 Initializing Options | File Statistics | File Statistics 选项窗口，在打开的窗口中设置 ISODATA 的统计参数。Initializing Means Along 和 Scaling Range 分别为计算初始均值所沿的轴和度量范围。

④ 选择 Unsupervised Classification | Color Scheme Options | Output Color Scheme Option，设置分类图像颜色属性。

（2）设置处理选项（Processing Options），确定循环次数和阈值。

① 在 Unsupervised Classification 面板中的 Processing Options 栏选定最大循环次数（Maximum Iterations），它指重新聚类的最大次数，为了避免程序运行时间太长或由于没达到聚类标准而造成死循环，一般设置在 6 以上。

② 设置循环收敛阈值（Convergence Threshold），其值是指两次分类结果相比保持不变的像元所占的最大比例，目的在于避免 ISODATA 无限循环。

③ Skip Factor 为遍历窗口的大小。

④ 单击 OK 按钮，执行非监督分类操作。

3）分类评价

执行非监督分类后，一个重要的工作就是分类评价，检查分类结果的精度调整分类方案。具体步骤如下。

（1）打开原始图像和分类后的图像。

单击 ERDAS | Viewer 面板，先后打开原始图像和分类后的图像，在打开分类结果图像时，在 Raster Option 选项卡中取消选中的 Clear Display 复选框，保证两幅图像叠加显示。

（2）设置各类别的颜色。

如果分类后的图像是灰度显示的，其灰度由系统自动赋予，需要设置各类别的颜色，以增加图像的直观表达效果。

① 打开 Raster Attribute Editor 对话框。

在工具条单击 ↖ 按钮（或者单击 Raster | Tools），打开 Raster 工具面板，单击 ▦ 按钮（或者选择 Raster | Attributes），打开 Raster Attribute Editor 对话框，如图 9-55 所示。

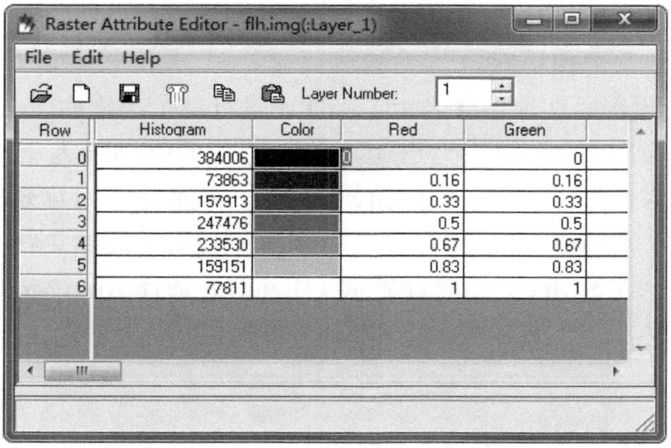

图 9-55　Raster Attribute Editor 对话框

② 调整字段显示顺序。

为了方便最先查阅重要的字段，经常需要调整字段显示顺序。在 Raster Attribute Editor 窗口，选择 Edit 菜单 | Column Properties 命令，打开 Column Properties 对话框（图 9-56），在 Columns 列表中选择字段，通过 Up、Down、Top、Bottom 按钮调整其在属性表的显示顺序。

③ 设置颜色。

同上，在 Raster Attribute Editor 对话框中单击某一类别的 Color 字段，在弹出的 As、Is 中选择合适的颜色。

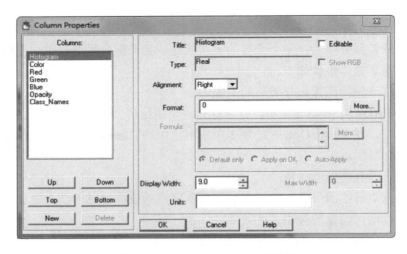

图 9-56　Column Properties 对话框

（3）确定类别精度并标注类别。

已经得到了分类的结果，但是类别的精度和专题意义均未确定，确定类别的精度和专题意义分以下步骤完成。

① 确定类别意义和精度。

由于分类结果覆盖在原图像之上，不便于进行单个类别的意义和精度的确定，因此要把不参与比较的类别设为透明，参与比较的类别设为不透明。在 Raster Attribute Editor 对话框中，单击 Opacity 字段名，从而进入可编辑状态，依次输入 0（透明），或 1（不透明）。通过在菜单 Utility 下设置分类结果在原始图像上闪烁（Flick），卷帘显示（Swipe）或混合显示（Blend），选择 Auto Mode 便可进行判别（图 9-57）。

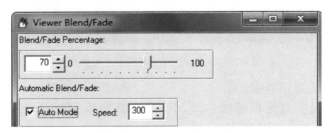

图 9-57　Viewer Blend/Fade 对话框

② 标注类别名称和颜色。

在判断类别后就要在属性表标注分类名称。在 Raster Attribute Editor 对话框中，单击 Class Name 字段要修改的类别，进入可输入状态，输入类别的名称即可。同时，可按照步骤（2）设置颜色的方法设置。

（4）分类方案的调整。

经过以上步骤后，如果得到满意的分类结果，非监督分类即可结束。否则需要调整分类方案，进行分类后处理。

9.3.3　面向对象遥感分类

面向对象遥感分类模块包括：栅格像元处理器运算，通过采样和训练专题像元，将原始图像中的目标地类像元和非目标地类像元分类（王桥等，2014）；栅格目标产生器，根据分类结果，利用阈值和删除操作将所有可能的目标地类像元生成栅格目标；栅格目标运算器，对所有可能的目标地类像元目标进行运算，去除一些非目标地类像元栅格目标；栅格矢量转换，利用线跟踪方法，将目标的中心线转换为矢量数据；矢量目标运算器，一系列的矢量目标运算用于产生最后的目标地类。

ERDAS Objective 面向对象分类的操作过程如下。

1）启动面向对象信息提取模块

启动面向对象信息提取模块，首先要启动 ERDAS IMAGINE 软件，在 ERDAS 图标面板中进行如下操作。

（1）单击 Objective 图标，打开 Objective Workstation Startup 对话框。

（2）选中 Create a New Project 单选按钮，单击 OK 按钮，打开 Create a New Project 对话框。

（3）输入项目名称，输入新的特征信息模型名称。

（4）单击 OK 按钮，打开 Variable Properties 窗口。

（5）单击 Add New Variable 按钮。

（6）单击 Raster Input File 图标，打开需要分类的高分辨影像。

（7）单击 OK 按钮，关闭 Variable Properties 窗口，打开 Objective Workstation 窗口（图 9-58）。

2）设置栅格像元处理器

在 Objective Workstation 窗口中进行如下操作。

（1）单击窗口左上边的树形结构，选择 Raster Pixel Processor 选项。

（2）在右下边的 Properties 属性页中，从 Available Pixel Cues 列表中选择 SEP 选项。

（3）单击＋图标，增加 SEP 项。

（4）单击右下边的 Training 属性页，自动显示 AOI Tool Palette。

（5）在 AOI Tool Palette 中单击生成多边形 AOI（Create Polygon AOI）图标。

（6）利用鼠标，在图像上选择目标地物纯净像元作为训练样本。

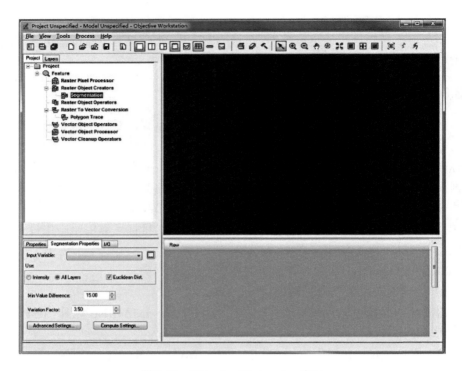

图 9-58　Objective Workstation 窗口

（7）单击 Add 按钮，将选择的样本添加到列表中。

（8）重复选择样本的操作过程，增加多个目标地物样本。

（9）选择一个非目标地物样本，单击 Add 按钮，选择 BG 选项作为背景，添加到列表中。

（10）单击 Accept 按钮，接受训练样本。

3）设置其他处理节点

在 Objective Workstation 窗口中进行如下操作。

（1）单击窗口左上边的树形结构，选择 Raster Object Creator 选项。

（2）在右下边的 Properties 属性页中，从 Raster Object Creator 列表中选择 Threshold and Clump 选项。

（3）在树形结构中选择 Threshold and Clump 选项。

（4）在右下边的 Threshold and Clump Properties 属性页中，将 Probability 的值设为 0.5。

（5）在树形结构中选择 Raster Object Operators 选项。

（6）在右下边的 Properties 列表中选择 Size Filter 选项。单击＋图标，增加 Size Filter 属性。选中 Minimum Object Size 复选框，并输入数值 2000。

（7）单击 Properties 属性页列表，选择 Centerline Conversion 选项。单击╋图标，增加 Centerline Conversion 属性。将 Min Width 和 Max Width 的值分别设为 10 和 18。

（8）在树形结构中选择 Raster to Vector Conversion 选项。

（9）在右下边的 Properties 列表中选择 Line Trace 选项。

（10）在树形结构中选择 Vector Object Operators 选项。

（11）在右下边的 Properties 列表中选择 Line Link 选项。单击╋图标，增加 Line Link 属性。

（12）选中 Input Parameters 单选按钮，将 Min Prob、Max Gap、Min Output Length、Min Link Length 和 Tolerance 的值分别设为 1.0、80、20、30 和 4.0。

（13）单击 Properties 属性页列表，选择 Smooth 选项。单击╋图标，增加 Smooth 属性。将 Smoothing Factor 的值设为 0.6。

（14）单击 Properties 属性页列表，选择 Line Snap 选项。单击╋图标，增加 Line Snap 属性。选中 T Junction 和 L Extension 复选框，将 Max Gap 和 Max Dist 的值分别设为 110.0 和 20.0。

（15）单击 Properties 属性页列表，选择 Line Remove 选项。单击╋图标，增加 Line Remove 属性。将 Max Gap 和 Min Remove Length 的值分别设为 25 和 50。

4）输出目标地物信息提取结果

在 Objective Workstation 窗口中进行如下操作。

（1）在左上边的树形结构中，右键单击 Line Remove 选项，在弹出菜单中单击 Stop Here 命令。

（2）单击执行图标，显现提取的目标地物图像。

9.3.4　分类后处理

由于分类严格按照数学规则进行，分类后往往会产生一些只有几个像元甚至一两个像元的小图斑。这对分类图的分析、解译和制图都是不利的，可通过几种分类后处理来解决。ERDAS IMAGINE 9.3 中的分类后处理方法有聚类统计、过滤分析、去除分析和分类重编码（杜会石等，2017）。

1. 聚类统计

无论是监督分类还是非监督分类，分类结果中都会产生一些面积很小的图斑。无论从专题制图的角度，还是从实际应用的角度，都有必要对这些小图斑进行剔除。ERDAS IMAGINE 9.3 中的 GIS 分析命令 Clump、Sieve、Eliminate 可以联合完成小图斑的处理工作。

聚类统计产生一个 Clump 类组输出图像,其中每个图斑都包含 Clump 类组属性, Clump 类组输出图像是一个中间文件, 用于进行下一步处理。

在 ERDAS 图标面板菜单条中, 选择 Main | GIS Analysis | Clump 命令, 或在 ERDAS 图标面板工具条上单击 Interpreter 图标,选择 GIS Analysis | Clump | Clump 对话框(图 9-59)并设置下列参数。

(1)选择处理图像(进行完分类文件)(Input File)。

(2)设置输出文件(Output File)。

(3)选择文件坐标类型(Coordinate Type)为 Map/File。

(4)处理范围确定(Subset Definition)。

(5)确定聚类统计邻域大小(Connected Neighbors):统计分类将对每个像元四周的 N 个相邻像元进行。可以选择 4 个方向或者 8 个方向相邻的像元。

(6)单击 OK。执行聚类统计分析。

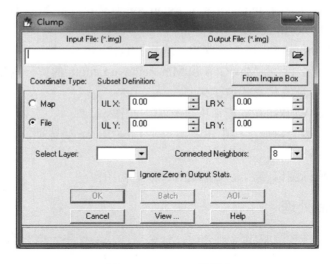

图 9-59　Clump 对话框

2. 过滤分析

Sieve 功能是对经 Clump 处理后的 Clump 类组图像进行处理, 按照定义的数值大小, 删除 Clump 图像中较小的类组图斑, 并给所有小图斑赋予新的属性值。Sieve 通常和 Clump 命令配合使用, 对于无须考虑小图斑归属的应用问题有很好的作用。

在 ERDAS 图标面板菜单条中, 选择 Main | Image Interpreter | GIS Analysis |

Sieve 命令，或在 ERDAS 图标面板工具条上单击 Interpreter 图标| GIS Analysis |
Sieve| 打开 Sieve 对话框（图 9-60）。在 Sieve 对话框中，需确定下列参数。

（1）选择处理图像（聚类分析完后的中间文件）（Input File）。

（2）设置输出文件（Output File）。

（3）选择文件坐标类型（Coordinate Type）为 Map/File。

（4）处理范围确定（Subset Definition）。

（5）选择处理的图层（Select Layer）。

（6）忽略输出统计 0 值（Ignore Zero in Output Statistics）。

（7）确定最小图斑大小（Minimum Size）。

（8）单击 OK。执行过滤分析。

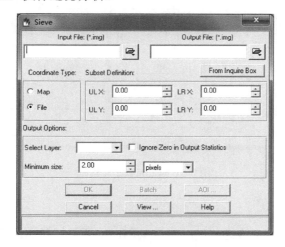

图 9-60　Sieve 对话框

3.　去除分析

去除分析适用于删除原始分类图像中的小图斑或 Clump 聚类图像中的小 Clump
类组，与 Sieve 命令不同，将删除的小图斑合并到相邻的最大分类中。Eliminate
处理后的输出图像是对分类结果图像进行了制图综合。

在 ERDAS 图标面板菜单条中，选择 Main | Image Interpreter | GIS Analysis |
Eliminate 命令，或在 ERDAS 图标面板工具条上单击 Interpreter | GIS Analysis |
Eliminate| 打开 Eliminate 对话框（图 9-61）。在 Eliminate 对话框中，需确定下列
参数。

（1）选择处理图像（进行完聚类统计的中间文件）（Input File）。

（2）设置输出文件（Output File）。

（3）选择文件坐标类型（Coordinate Type）为 Map/File。

（4）处理范围确定（Subset Definition）。

（5）选择去除分析的图层（Select Layer），这里选择默认值图层 1。

（6）选择 Ignore Zero in Stats 复选框，确定是否忽略输出统计 0 值。

（7）确定最小图斑大小（Minimum Size）。

（8）单击 OK。执行去除分析。

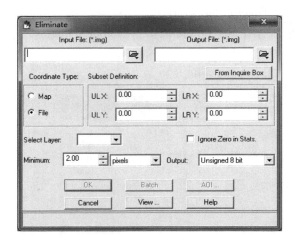

图 9-61　Eliminate 对话框

4. 分类重编码

作为分类后处理命令之一的分类重编码，主要是针对非监督分类而言的。由于非监督分类之前，用户对分类地区没有太多了解，所以在非监督分类过程中，一般要定义比最终需要多一定数量的分类数；在完全按照像元灰度值通过 ISODATA 聚类获得分类结果后，首先是将专题分类图像与原始图像对照，判断每个分类的专题属性，然后对相近或类似的分类通过图像重编码进行合并，并定义分类名称和颜色。

在 ERDAS 图标面板菜单条中，选择 Main | Image Interpreter | GIS Analysis | Recode 命令，或在 ERDAS 图标面板工具条上单击 Interpreter 图标，选择 GIS Analysis | Recode | Recode 对话框（图 9-62）。在 Recode 对话框中，需确定下列参数。

（1）选择处理图像（进行完分类的文件）（Input File），设置输出文件（Output File）。

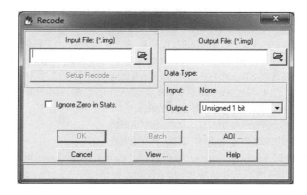

图 9-62　Recode 对话框

（2）单击 Setup Recode 按钮，打开 Thematic Recode 对话框（图 9-63）。

Value	New Value	Histogram	Red	Green	Blue
0	0	384006.0	0.000	0.000	0.000
1	1	0.0	0.000	0.000	0.000
2	2	0.0	0.000	0.000	0.000
3	3	0.0	0.000	0.000	0.000
4	4	0.0	0.000	0.000	0.000
5	5	118040.0	0.287	0.823	0.917
6	6	0.0	0.000	0.000	0.000
7	7	0.0	0.000	0.000	0.000
8	8	0.0	0.000	0.000	0.000
9	9	0.0	0.000	0.000	0.000
10	10	0.0	0.000	0.000	0.000
11	11	831704.0	0.567	0.261	0.302

New Value: 1　　Change Selected Rows

OK　　Cancel　　Help

图 9-63　Thematic Recode 对话框

（3）选择需要进行重新编码的行，在 New Value 处输入新编码，单击 Change Selected Rows，改变原有类别的编码，单击 OK 按钮。

（4）确定数据输出类型（Output），单击 OK 按钮。

参 考 文 献

党安荣, 贾海峰, 陈晓峰, 等, 2010. ERADAS IMAGIN 遥感图像处理教程[M]. 北京: 清华大学出版社.

党安荣, 王晓栋, 陈晓峰, 等, 2003. ERADAS IMAGIN 遥感图像处理方法[M]. 北京: 清华大学出版社.

杜会石, 姜海玲, 张丽, 2017. ERDAS 遥感影像处理——理论与实践[M]. 北京: 北京理工大学出版社.

樊旭艳, 付春龙, 石继海, 等, 2006. 基于主成分分析的遥感图像模拟真彩色融合法[J]. 测绘科学技术学报, 23(4): 441-445

韩玲, 吴汉宁, 2004. 多元遥感影像数据融合的理论与技术[J]. 西北大学学报（自然科学版）, 34(4): 457-460.

刘志丽, 陈曦, 2001. 基于 ERDAS IMAGINE 软件的 TM 影像几何精校正方法初探[J]. 干旱区地理, 24(4): 353-358.

浦瑞良, 宫鹏, 2000. 高光谱遥感及其应用[M]. 北京: 高等教育出版社.

王桥, 王晋年, 杨一鹏, 等, 2014. 环境监管无人机遥感技术与应用[M]. 北京: 科学出版社.

韦玉春, 2007. 遥感数字图像处理教程[M]. 北京: 科学出版社.

赵英时, 等, 2003. 遥感应用分析原理与方法[M]. 北京: 科学出版社.

朱述龙, 朱宝山, 2006. 遥感图像处理与应用[M]. 北京: 科学出版社.

Vane G, Goetz A F H, 1993. Terrestrial imaging spectrometry: current status, future trends[J]. Remote Sensing of Environment, 44(2-3): 117-126.

彩　图

（a）高光谱成像光谱仪

（b）地物光谱仪

图 8-1　野外测量地物光谱

图 8-2　TDR 测量

（a）固定翼无人机

（b）旋翼无人机

图 8-3　无人机

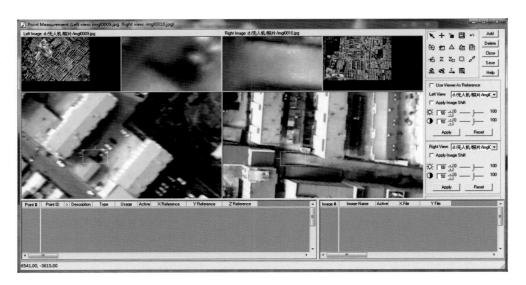

图 9-11　自动量测图像同名地物点

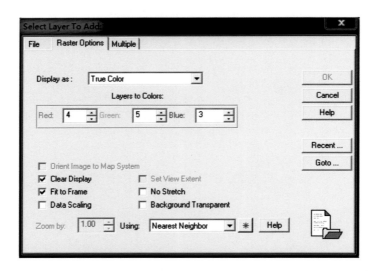

图 9-32　Select Layer To Add 对话框

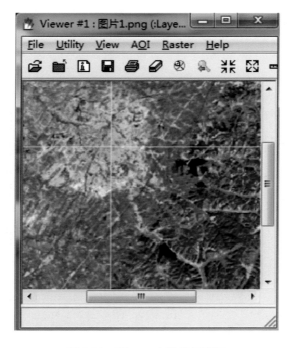

图 9-38　Viewer 十字光标窗口